日本の先端技術

－大学・研究機関の研究開発力と国際競争力－

株式会社産政総合研究機構　編

はじめに

昨今のコロナ禍は、人類に様々な苦難と変容をもたらし、経済社会活動に多大な影響を及ぼしています。また、日本では経済が長期低迷する中、毎年のように大規模な自然災害が発生し大きな被害をもたらしているほか、人口減少・超高齢社会の到来など、様々な社会的課題が山積している状況です。これらの諸課題に立ち向かっていくために科学技術の力が必要であることは、衆目の一致するところでしょう。しかしながら、大学等における基礎研究力の低下を指摘し、日本の行く末を不安視する声が聞かれることも確かです。

こうした状況に鑑み、私共は、微力ながら日本における科学技術の現状を把握・理解する一助となり、日本の未来に少しでも明かりを照らすことができる書籍を作れないものかと思案を重ねました。その結果、私共は、各分野でご活躍されている研究者の方々のお力を拝借しつつ、先端技術に関する研究開発力等を中心的な視座に据え、現在の日本における科学技術の現状を一般の方々にも分かりやすくまと取りまとめた書籍「日本の先端技術－大学・研究機関の研究開発力と国際競争力」を出版することと致しました。

本書では、文部科学省 科学技術・学術政策研究所（NISTEP）が公表した注目論文数からみた日本の研究力の評価結果、科学技術振興機構 研究開発戦略センター（CRDS）が発表した日本の研究開発力の評価結果、そして産政総合研究機構が2021年10月末から11月中旬にかけて全国の国公私立大学・大学院の工学部系学科の先生方を対象に実施したアンケート調査結果を基に、技術立国を支える日本の大学（工学系）の研究開発環境（人材、研究設備、研究費、労働環境など）の現状と課題を整理しました。そして、先端技術分野でご活躍されている大学等の日本人研究者 10 名の方々に、ご専門の専門技術の概要、研究室の研究テーマと研究内容、産学官の連携状況、国際交流の状況、日本の先端技術力の強化に向けた意見等をご執筆頂きました。

日本の大学等の研究者は、大学院博士課程に進学する学生数の減少等に起因する極度の研究人材不足、年々減少する研究予算、研究以外の雑務等の負担の増大など欧米や中国など諸外国に比べて非常に厳しい研究環境に置かれています。資源に乏しい経済大国日本が、その国力を維持するためには、科学技術立国であり続けなければなりません。そのためには技術立国の一翼を担う日本の大学等の研究者の研究環境を改善する必要があります。本書が、日本の大学等の研究者の研究環境の改善に少しでも役立てれば幸いです。

2022 年 3 月

株式会社産政総合研究機構
代表取締役　風間　武彦

目次

第Ⅰ部　日本の大学等の研究環境と国際競争力の現状と課題

株式会社産政総合研究機構
代表取締役兼主席研究員　風間　武彦

1．注目論文数からみた日本の研究力・・世界順位は低下の一途

近年、日本の研究力の低下を指摘する報告や分析等が相次いでいる。

文部科学省 科学技術・学術政策研究所（NISTEP）は 2021 年 8 月 10 日、日本及び主要国の科学技術活動を、論文という指標から把握するための報告書、“科学研究のベンチマーキング 2021”を公表した。同報告書は、「日本については研究開発費、研究者数は共に主要国（日米独仏英中韓の 7 か国）の中で第 3 位、論文数（分数カウント法[1]）は世界第 4 位、パテントファミリー（2 か国以上への特許出願）数では世界第 1 位となった」と報告した。その一方で、「日本の注目度の高い論文数（研究分野毎に他の研究者による引用数が上位 10%及び上位 1%に入る論文の数）の世界ランクは 2000 年代半ばより低下しているが、ここ数年では順位を維持している。ただし、論文数、注目度の高い論文数ともに、世界シェアは継続して低下傾向にある。日本の分野別の状況を詳細に分析すると、臨床医学、環境・地球科学の論文数が増加する一方で、物理学、材料科学、化学の論文数が減少している」などと報告した。なお、NISTEP によれば日本の論文の約 7 割は大学で産出されている。

〔図表 1〕科学論文の引用数上位 10%の国別シェアの 10 年毎の推移(分数カウント)

順位	国名	1997－1999年		変動	国名	2007－2009年		変動	国名	2017－2019年	
		論文数	シェア			論文数	シェア			論文数	シェア
1	米国	30,610	42.8%	→	米国	36,196	34.9%	↑	中国	40,219	24.8%
2	英国	5,973	8.4%	↑	中国	7,832	7.6%	↓	米国	37,124	22.9%
3	ドイツ	4,847	6.8%	↓	英国	7,250	7.0%	→	英国	8,687	5.4%
4	**日本**	**4,336**	**6.1%**	↓	ドイツ	6,265	6.0%	→	ドイツ	7,248	4.5%
5	フランス	3,532	4.9%	↓	**日本**	**4,437**	**4.3%**	↑	イタリア	5,404	3.3%
6	カナダ	2,849	4.0%	↓	フランス	4,432	4.3%	↑	オーストラリア	4,879	3.0%
7	イタリア	2,046	2.9%	↓	カナダ	3,951	3.8%	→	カナダ	4,468	2.8%
8	オランダ	1,797	2.5%	↓	イタリア	3,279	3.2%	↓	フランス	4,246	2.6%
9	オーストラリア	1,628	2.3%	→	オーストラリア	2,711	2.6%	↑	インド	4,082	2.5%
10	スペイン	1,309	1.8%	→	スペイン	2,705	2.6%	↓	**日本**	**3,787**	**2.3%**
11	スイス	1,299	1.8%	↓	オランダ	2,498	2.4%	↓	スペイン	3,631	2.2%
12	スウェーデン	1,212	1.7%	↑	インド	1,888	1.8%	↑	韓国	3,445	2.1%
13	中国	1,004	1.4%	↓	スイス	1,762	1.7%	↑	イラン	3,022	1.9%
14	イスラエル	678	0.9%	↑	韓国	1,758	1.7%	↓	オランダ	2,832	1.7%
15	デンマーク	674	0.9	↓	スウェーデン	1,256	1.2%	↓	スイス	2,184	1.3%

（出所）文部科学省 科学技術・学術政策研究所、「科学研究のベンチマーキング 2021（2021 年 8 月 10 日発表）」のデータを基に株式会社産政総合研究機構が加工・作成。

NISTEP が公表した科学論文の引用数上位 10%の国別シェアの順位の 10 年毎の推移(分数カウント法)をみると、日本は 1997～1999 年の平均では米国、英国、ドイツ

[1] 機関レベルでの重み付けを用いた国単位での集計である。例えば、日本の A 大学、日本の B 大学、米国の C 大学の共著論文の場合、各機関は 1/3 と重み付けし、日本 2/3 件、米国 1/3 件と集計する。したがって、1 件の論文は、複数の国の機関が関わっていても 1 件として扱われる。

に次ぐ世界第4位でシェアは 6.1%だったが、2007～2009 年の平均では米国、中国、英国、ドイツに次ぐ世界第5位でシェアは 4.3%へと低下した。更に 2017～2019 年の平均では、イタリアやオーストラリアなど5か国に抜かれて世界第 10 位でシェアは 2.3%となった。一方、中国は 2017～2019 の平均で、長きにわたりトップだった米国を上回り始めて世界第1位となった〔図表 1〕。

日本の科学論文の引用数を 1997～1999 年の平均と 2017～2019 年の平均で分野別に比較すると、上位 10%及び上位 1%のいずれも、計算機・数学、臨床医学、環境・地球科学では引用数が増加したが、化学、材料科学、物理学、基礎生命科学は減少した〔図表 2〕。

〔図表 2〕日本の分野別科学論文の引用数の推移(分数カウント)

分数カウント	Top10%補正論文数		
分野	PY2007-2009年(平均値)	PY2017-2019年(平均値)	伸び率
化学	903	535	↓ -41%
材料科学	324	219	↓ -32%
物理学	730	530	↓ -27%
計算機・数学	113	121	↑ 6%
工学	236	202	↓ -15%
環境・地球科学	138	180	↑ 31%
臨床医学	809	1,069	↑ 32%
基礎生命科学	1,164	897	↓ -23%

分数カウント	Top1%補正論文数		
分野	PY2007-2009年(平均値)	PY2017-2019年(平均値)	伸び率
化学	75	46	↓ -39%
材料科学	28	22	↓ -19%
物理学	62	52	↓ -15%
計算機・数学	10	13	↑ 24%
工学	16	21	↑ 35%
環境・地球科学	13	16	↑ 23%
臨床医学	49	75	↑ 55%
基礎生命科学	105	73	↓ -30%

(出所) 文部科学省、"科学研究のベンチマーキング 2021－論文分析でみる世界の研究活動の変化と日本の状況－"、2021 年 8 月 10 日。

2. 日本の公的機関による日本の研究開発力の評価

科学論文の引用数上位の国別シェアの順位でみると、日本の低落は顕著である。日本のメディアなども、文部科学省のデータを基に"日本の研究力が低落の一途をたどっている"などと報じている。しかし、各国の科学論文の数や引用数がその国の研究水準を表すものではない。文部科学省の分数カウント法による論文数は、共著論文に参加した大学・研究機関等の論文作成への貢献度が実態とは関係なくすべて等しいという前提でカウントしているが、実際には共著者の論文作成への貢献度には相当のばらつきがある。日本の大学のある研究者によれば、中国などでは論文数を稼ぐために研究者同士互いに協力して小さな貢献度でも共著論文に名を連ねることも多いという。中国が近年、各研究分野で台頭しているのは事実だが、こうした点も考慮しながら、日本の研究開発力の現状を正確に評価する必要がある。

日本、米国、欧州、中国など主要国の現在の研究水準をとりまとめた信頼度の高い資料として、国立研究開発法人科学技術振興機構 研究開発戦略センター（CRDS）が

2021 年 5 月 1 日に発表した、「研究開発の俯瞰報告書　統合版（2021 年）～俯瞰と潮流～」がある。同俯瞰報告書は、主要国の各分野の研究水準を、“基礎研究（大学・国立研究機関などでの基礎研究の範囲）”と“応用研究・開発（技術開発〔プロトタイプの開発含む〕の範囲）に分けて、CRDS の調査・見解に基づく研究成果の 4 段階評価とトレンド（ここ 1～2 年の研究開発水準の変化）の評価を行っている。筆者はこの CRDS の評価結果を数値化し、各分野の主要国の研究水準の比較を行った。その結果、多くの分野で日本の基礎研究及び応用研究の水準が欧米を下回った。中国との比較では、ナノテクノロジー・材料、ライフサイエンス・臨床医学の分野で優位に立つ一方で、エネルギー分野やシステム・情報科学の応用分野で劣勢となった。韓国との比較では基礎及び応用分野のいずれも多くの分野で上回っていることが明らかになった。

CRDS は、主要国の各分野の研究水準を「◎：特に顕著な活動・成果が見えている」、「○：顕著な活動・成果が見えている」、「△：顕著な活動・成果が見えていない」、「×：特筆すべき活動・成果が見えていない」の 4 段階で評価している。筆者はこの評価をそれぞれ、5 点、3 点、1 点、0 点として、研究分野毎に主要国の研究水準を数値化して比較を行った。その結果によると、エネルギー分野の基礎研究では、欧州の研究水準（小区分計 27 分野の平均：3.89 点）が最も高く、次いで米国（同 3.59 点）、日本（同 3.15 点）、中国（同 3.04 点）などの順となった。エネルギー分野の応用研究では、欧州の研究水準（小区分計 27 分野の平均 3.96 点）が最も高く、次いで中国（同 3.52 点）、米国（同 3.48 点）、日本（同 3.37 点）などの順となった。中国は原子力発電（特に新型炉）や太陽光発電などの応用研究の水準が欧米以上との評価を得て、エネルギー分野の応用研究で欧州に次ぐ 2 位となり、米国を上回った〔図表 3〕。

〔図表 3〕エネルギー分野の研究水準（小区分計 27 分野の平均）国際比較

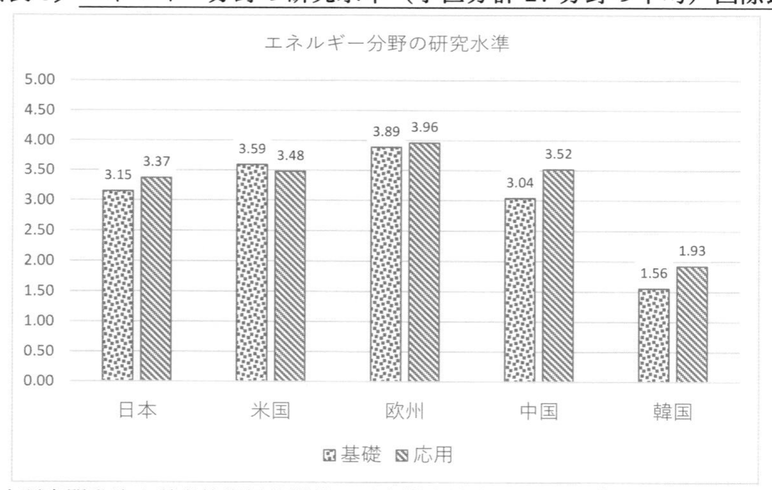

（出所）国立研究開発法人科学技術振興機構　研究開発戦略センター、「研究開発の俯瞰報告書　統合版（2021 年）～俯瞰と潮流～（2021 年 5 月 1 日）」のデータを基に株式会社産政総合研究機構が加工・作成。

また、トレンド（ここ 1〜2 年の研究開発水準の変化）の評価では、基礎・応用の両分野で研究水準の上昇傾向が最も高いのが中国で、次いで欧州、米国、日本などの順となった。

システム・情報科学分野（小区分計 36 分野）では、基礎研究と応用研究のいずれも米国が他国を圧倒している。基礎研究では、米国の研究水準が小区分計 36 分野の平均で 4.67 点となった。以下、欧州（同 3.78 点）、日本（同 3.11 点）、中国（同 3.11 点）などの順となった。応用研究では米国が同 4.72 点で、欧州（同 3.47 点）、中国（同 3.28 点）、日本（同 3.06 点）などの順となった。中国は人工知能・ビッグデータやコンピューティングアーキテクチャーの応用分野などで日本を上回る評価を得て、システム・情報科学分野の応用研究水準の平均で日本を上回った〔図表 4〕。また、トレンド（ここ 1〜2 年の研究開発水準の変化）の評価では、基礎・応用の両分野で研究水準の上昇傾向が最も高いのが中国で、次いで米国、欧州、日本などの順となった。

〔図表 4〕システム・情報科学の研究水準（小区分計 36 分野の平均）国際比較

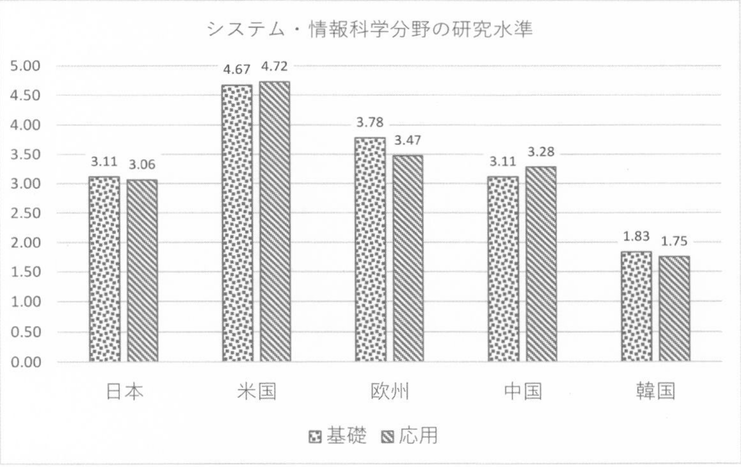

システム・情報科学分野の研究水準
5.00
4.50
4.00
3.50
3.00
2.50
2.00
1.50
1.00
0.50
0.00
日本 3.11 3.06
米国 4.67 4.72
欧州 3.78 3.47
中国 3.11 3.28
韓国 1.83 1.75
基礎 応用

（出所）国立研究開発法人科学技術振興機構　研究開発戦略センター、「研究開発の俯瞰報告書　統合版（2021 年）〜俯瞰と潮流〜（2021 年 5 月 1 日）」のデータを基に株式会社産政総合研究機構が加工・作成。

ナノテクノロジー・材料分野では、米国の基礎研究の水準（小区分計 33 分野の平均：4.70 点）が最も高く、次いで欧州（同 4.27 点）、日本（同 3.97 点）、中国（同 3.55 点）などの順となった。応用研究の水準も順位は変わらず、米国（同 4.39 点）、欧州（同 4.09 点）、日本（同 3.67 点）、中国（同 3.24 点）の順となった〔図表 5〕。また、トレンド（ここ 1〜2 年の研究開発水準の変化）の評価では、基礎・応用の両分野で研究水準の上昇傾向が最も高いのが中国で、次いで欧州、米国、日本などの順となった。

ライフサイエンス・臨床医学分野では、米国の基礎研究の水準（小区分計 36 分野の平均：4.67 点）が最も高く、次いで欧州（同 4.22 点）、日本（同 3.72 点）、中国（同 3.00 点）などの順となった。応用研究の水準も順位は変わらず、米国（同 4.61 点）、欧州（同 3.89 点）、日本（同 3.06 点）、中国（同 2.50 点）の順となった〔図表 6〕。また、トレンド（ここ 1～2 年の研究開発水準の変化）の評価では、基礎・応用の両分野で研究水準の上昇傾向が最も高いのが中国で、次いで米国、欧州、日本などの順となった。

〔図表 5〕ナノテクノロジー・材料の研究水準（小区分計 33 分野の平均）国際比較

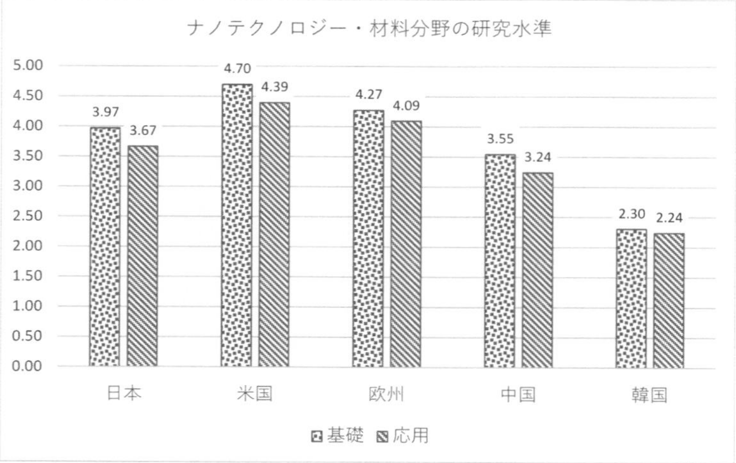

（出所）国立研究開発法人科学技術振興機構　研究開発戦略センター、「研究開発の俯瞰報告書　統合版（2021 年）～俯瞰と潮流～（2021 年 5 月 1 日）」のデータを基に株式会社産政総合研究機構が加工・作成。

〔図表 6〕ライフサイエンス・臨床医学の研究水準（小区分計 36 分野の平均）国際比較

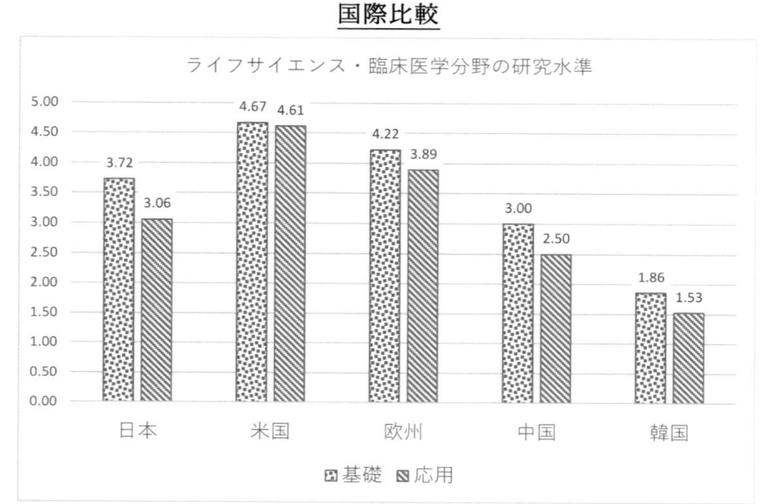

（出所）国立研究開発法人科学技術振興機構　研究開発戦略センター、「研究開発の俯瞰報告書　統合版（2021 年）～俯瞰と潮流～（2021 年 5 月 1 日）」のデータを基に株式会社産政総合研究機構が加工・作成。

３．日本の大学の研究者からみた日本の研究力の現状と課題

株式会社産政総合研究機構は 2021 年 10 月末から 11 月中旬にかけて、技術立国を支える日本の大学（工学系）の研究開発環境（人材、研究設備、研究費、労働環境など）の現状と課題を把握するため、旧帝国大学を中心に全国の国公私立大学・大学院の工学部系学科の教授・准教授 577 名を対象に、「大学の研究環境と国際競争力の問題点に関するアンケート」を実施し、119 名の先生方から回答を得た（有効回収率 20.6%）。本節では、この調査結果を基に、日本の大学の研究者からみた日本の研究力の現状と課題を解説する。

（１）日本の大学（工学系）の研究水準・・世界との比較

① 国・地域別にみた研究水準自己評価

回答者自身の研究分野における日本、米国、欧州、中国など主要国の研究水準を 10 点満点で評価してもらったところ、10 点満点の評価が最も多かったのは米国（68.9%）で、次いで日本（18.5%）、欧州（16.0%）、中国（4.2%）となった。9 点以上の評価では、米国が 80.7%（=68.9%＋11.8%）、次いで欧州 39.5%（=16.0%+23.5%）、日本 38.7%（=18.5%＋20.2%）、中国 24.4%（=4.2%＋20.2%）となった〔図表 7〕。

〔図表 7〕国・地域別にみた大学（工学系）の研究水準評価（N=119）

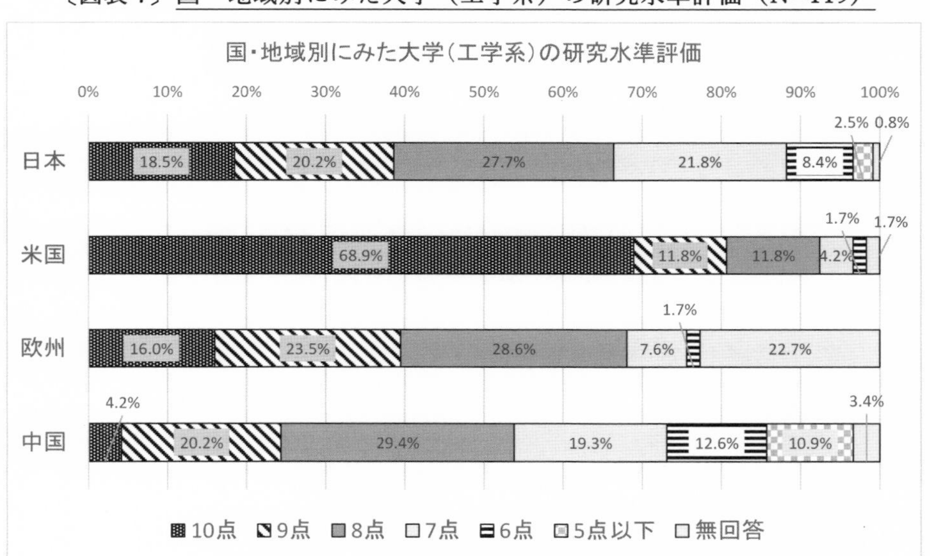

回答者自身の研究分野における日本、米国、欧州、中国など主要国の研究水準の評価で、研究水準が世界トップとの評価[2]を最も多く獲得した国は米国で回答率は79.8%（単独トップとの評価は54.6%、当該国を含む複数国がトップとの評価は25.2%）、次いで日本の25.2%（単独トップは6.7%、当該国を含む複数国がトップは18.5%）だった。以下、欧州（単独トップは5.9%、当該国を含む複数国がトップは14.3%）、中国（単独トップは0.8%、当該国を含む複数国がトップは7.6%）などとなった〔図表8〕。

〔図表8〕研究水準が世界トップとの評価（重複回答、N＝119）

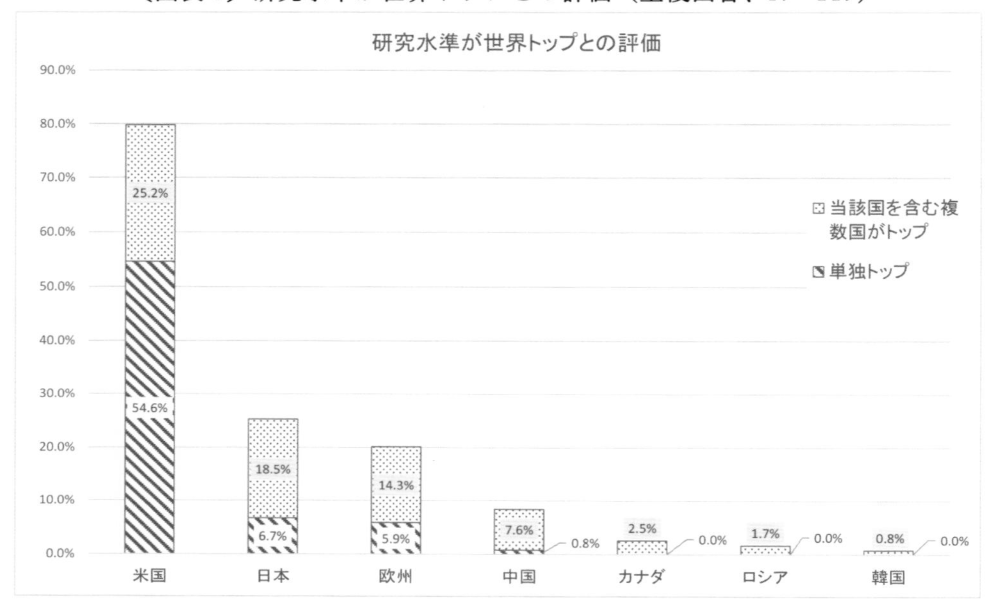

日本の研究水準を世界トップクラス（単独）と回答した研究者の研究分野は、有機半導体・機能性材料、人工知能・機械学習、建築計画・建築人間工学、高分子合成と応用、建物の耐震技術の高度化・振動記録に基づく建物の実特性の評価、都市計画、パワーエレクトロニクス・ワイドバンドギャプ半導体応用、生物機能工学・バイオナノテクノロジーであった。また他国と共に世界トップクラス（重複）と回答した研究者の研究分野は、環境工学・環境安全性、環境システム・地域循環共生システム、水中の健康関連微生物・ノロウイルス・薬剤耐性、有機合成化学、意思決定・合意形成・紛争解決、クリーン・カーボン・テクノロジー、半導体工学・薄膜・界面科学、レオロジー、半導体、切削加工・工作機械、半導体集積回路・製造装置・プロセス・イメージセンサ、太陽光発電、交通工学、無機材料化学、混相流の可視化計測、セラミッ

[2] 研究水準の評価点で最も高い点数を獲得した国。評価点が10点満点以外、すなわち9点、8点でも最高点であれば、“研究水準が世界トップ水準”との評価にした。

クス・材料プロセッシング、付加製造、土木計画・交通工学、金属材料・展伸加工・組織制御、人工光合成・触媒・金属錯体、デトネーション、バイオポリマーであった。

②日本と米国、欧州、中国の研究水準比較

次に日本が得意とする分野と不得手とする分野を把握するため、アンケート調査結果を基に日本と主要国（米国、欧州、中国）の研究水準を比較した。

日本と米国の比較では、「日本の研究水準が米国を上回る（日本が優位）」との回答は 12.7%、「日本と米国の研究水準が同等」との回答は 16.1%、「日本の研究水準が米国よりも劣る（日本が劣位）」との回答は 71.2%で、日本は大半の分野で米国よりも研究水準が劣るという結果になった〔図表 9〕。「日本の研究水準が米国を上回る」と回答した研究者の研究分野は、有機半導体、機能性材料、高分子合成と応用、クリーン・カーボン・テクノロジー、太陽光発電、生物機能工学、バイオナノテクノロジー、無機材料化学、半導体工学、薄膜・界面科学、切削加工、工作機械、パワーエレクトロニクス、ワイドバンドギャップ半導体応用、建築計画、建築人間工学、水中の健康関連微生物、ノロウイルス、薬剤耐性、建物の耐震技術の高度化、振動記録に基づく建物の実特性の評価などだった。

〔図表 9〕日本と米国、欧州、中国の研究水準比較（N=118）

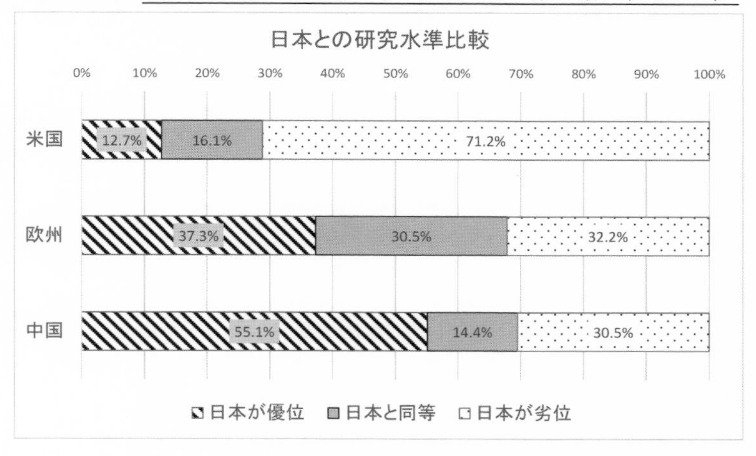

日本と欧州の比較では、「日本の研究水準が欧州を上回る」との回答は 37.3%、「日本と欧州の研究水準が同等」との回答は 30.5%、「日本の研究水準が欧州よりも劣る」との回答は 32.2%となった〔図表 9〕。「日本の研究水準が欧州を上回る」と回答した研究者の研究分野は、有機半導体、機能性材料、高分子合成と応用、クリーン・カーボン・テクノロジー、太陽光発電、生物機能工学、バイオナノテクノロジー、有機合成化学、セラミックス、材料プロセッシング、人工光合成、触媒、金属錯

体、高分子ゲル、バイオマテリアル、生物無機、強誘電体、生物化学工学、生体医用工学、材料プロセス、ナノ材料、エネルギーデバイスなどだった。

日本と中国の比較では、「日本の研究水準が中国を上回る」との回答は 55.1%、「日本と中国の研究水準が同等」との回答は 14.4%、「日本の研究水準が中国よりも劣ると」の回答は 30.5%で、日本は大半の分野で中国よりも研究水準が上回るという結果になった〔図表 9〕。

（２）研究環境（人材、予算、大学の仕事）

①研究人材の充足状況・・博士やポスドクが不足

大学の研究室の研究人材の充足状況について尋ねたところ、大学院生（修士課程）は、「足りている」という回答が 69.7%で最も多かったが、大学院生（博士課程）は「不足している」が 46.2%、「やや不足している」が 32.8%と多く、ポストドクター（ポスドク、博士研究員）は「不足している」が 53.8%、「やや不足している」が 28.6%と多くなっている。これにより日本の多くの大学で博士課程の大学院生やポスドクが不足していることが明らかになった〔図表 10〕。

〔図表 10〕研究室の研究人材（大学院生及びポスドク）の充足状況（N＝119）

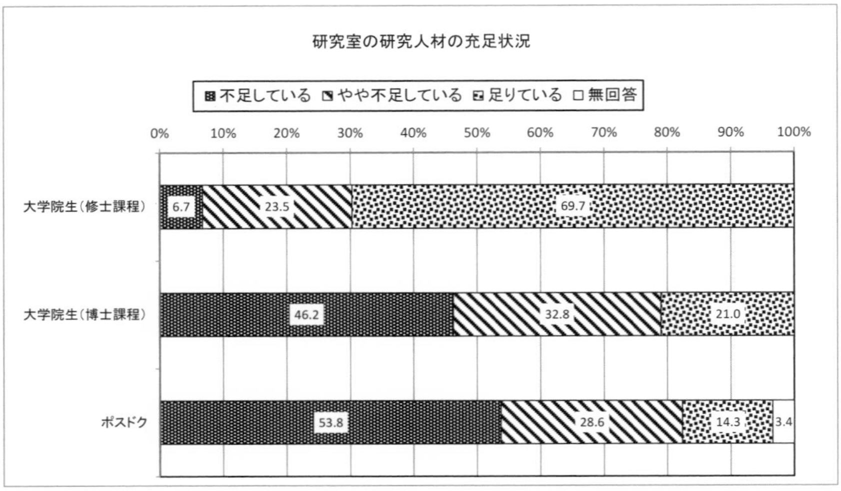

研究室の研究人材の充足状況
不足している　やや不足している　足りている　無回答
0%　10%　20%　30%　40%　50%　60%　70%　80%　90%　100%
大学院生（修士課程）　6.7　23.5　69.7
大学院生（博士課程）　46.2　32.8　21.0
ポスドク　53.8　28.6　14.3　3.4

②研究予算の充足状況・・人件費の不足が顕著

大学の研究室の研究予算の充足状況について尋ねたところ、人件費が「不足している」との回答が 37.0%、「やや不足している」が 37.8%で、「足りている」との回答は 25.2%にとどまった。研究機器・設備購入費が「不足している」との回答が 16.8%、

「やや不足している」が 37.0%で、「足りている」との回答は 45.4%となった。その他研究室運営費が「不足している」との回答は 17.6%、「やや不足している」が 42.0%、「充足している」との回答が 39.5%となった〔図表 11〕。

大学の研究室の研究予算は、大半の大学で人件費が不足している一方、研究機器・設備購入費や究室運営費等については、研究分野によって差があることも明らかになった。

〔図表 11〕研究室の研究予算の充足状況(N=119)

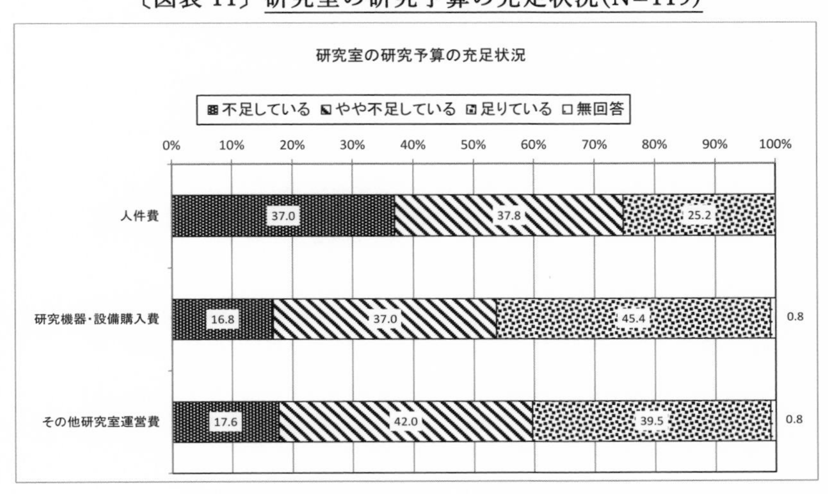

③機器・装置・設備の充足状況・・おおむね充足が大半

研究に必要な機器・装置・設備の充足状況について尋ねたところ、「研究に必要な機器・装置・設備が十分に揃っている」との回答が 15.1%、「研究に必要な機器・装置・設備が概ね揃っている」が 66.4%となった。「研究に必要な機器・装置・設備がやや不足している」との回答は 15.1%で、「研究に必要な機器・装置・設備が不足している」という回答は 3.4%に留まった〔図表 12〕。「研究に必要な機器・装置・設備が揃っている」という回答が多い背景には、調査対象大学が旧帝国大学を中心とする国内有力大学が多いことも影響していると考えられる。不足しているとの回答は、応用地球物理学、地下可視化、地学現象シミュレーション、低温物理、超流動、基礎量子物理学、ソフトウェア工学、環境工学、環境安全性、ＭＥＭＳ、マイクロマシン、微細加工、幹細胞、再生医学、流体工学、イオン電池、太陽電池、計算材料科学、セラミックス材料、生物機能工学、バイオナノテクノロジー、超伝導、量子スピン液体、量子液晶、バイオプラスチック、高分子科学、バイオ高分子材料、超伝導、２次元物質、強誘電体、上水道工学などの分野の研究者から寄せられた。

〔図表 12〕研究に必要な機器・装置・設備の充足状況（N=119）

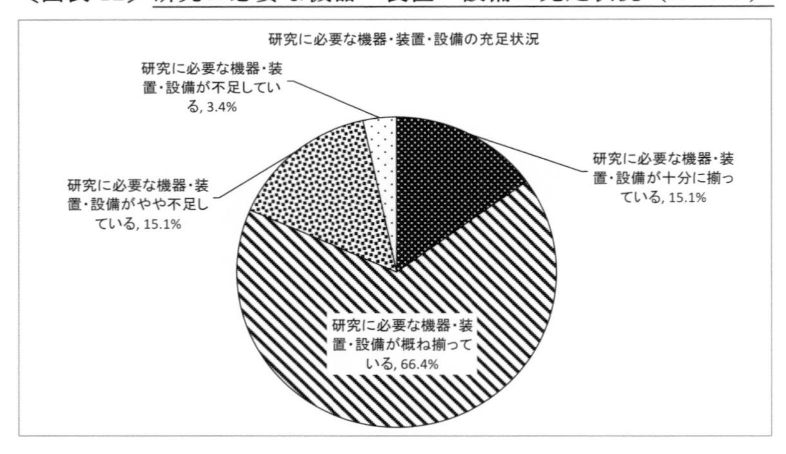

④研究活動の負担になっている大学の仕事・・授業以外の業務負担が大

研究活動を行う上で負担になっている大学の仕事について尋ねたところ、「授業・学生指導以外の大学の業務」という回答が 76.5%と最も多かった。次いで「国の研究予算の申請・確保手続き」が 52.1%、「学外の受託業務（政府等の委員会活動など）」が 28.6%、「大学の授業」が 23.5%、「学部生の卒論等の指導」が 13.4%、「学内の研究予算の申請・確保手続き」が 10.9%、「大学院生の研究指導」が 6.7%などとなった〔図表 13〕。

〔図表 13〕研究活動を行う上で負担になっている大学の仕事（複数回答、N＝119）

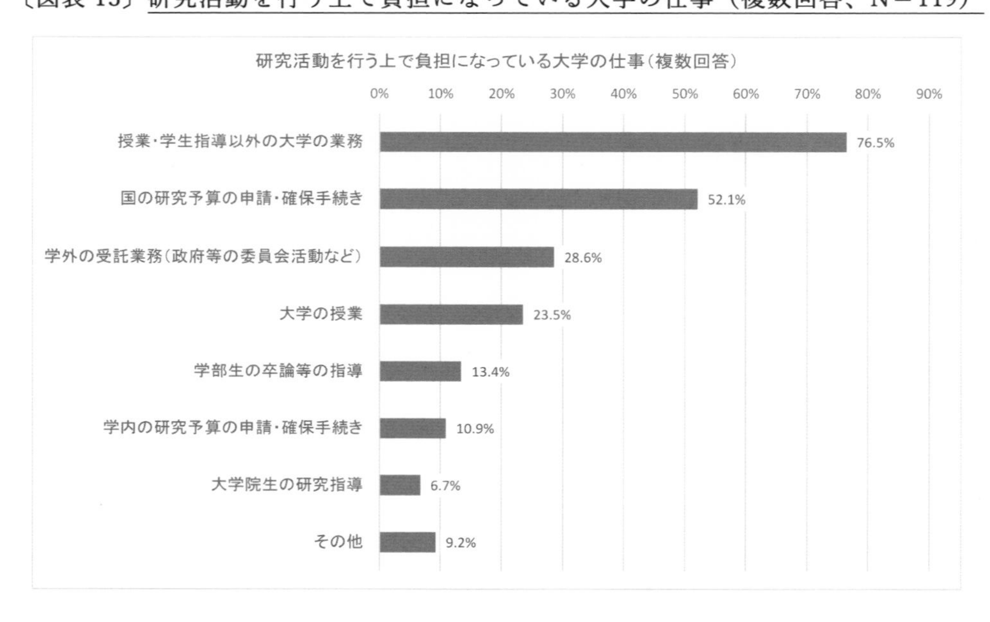

その他の意見（9.2%）としては、「海外の論文の査読」、「学内の会議、雑用」、「国、学内から届くアンケート回答依頼」、「国の研究予算で様々に生じる管理業務。研究以外の事も多すぎるし、研究でもない」、「学会活動、学会運営」、「民間企業との共同研究等の予算確保」、「学生のメンタルケア」、「学外（海外）の論文等の審査」、「学内管理運営業務」、「アウトリーチ」などがあった。

（３）産学の連携状況

①産学共同研究の実施状況・・大半が実施

産学共同研究の実施状況について尋ねたところ、「現在行っている」との回答が69.7%、「現在は行っていないが、過去に行ったことはある」が20.2%、「行っていないが、将来は行いたい」が 3.4%、「行っていないし、将来も行いたいとは思わない」は 5.9%となった〔図表 14〕。大半の研究室が産学共同研究を現在行っているか、もしくは過去に行っていることが明らかになった。

〔図表 14〕産学共同研究の実施状況（N＝119）

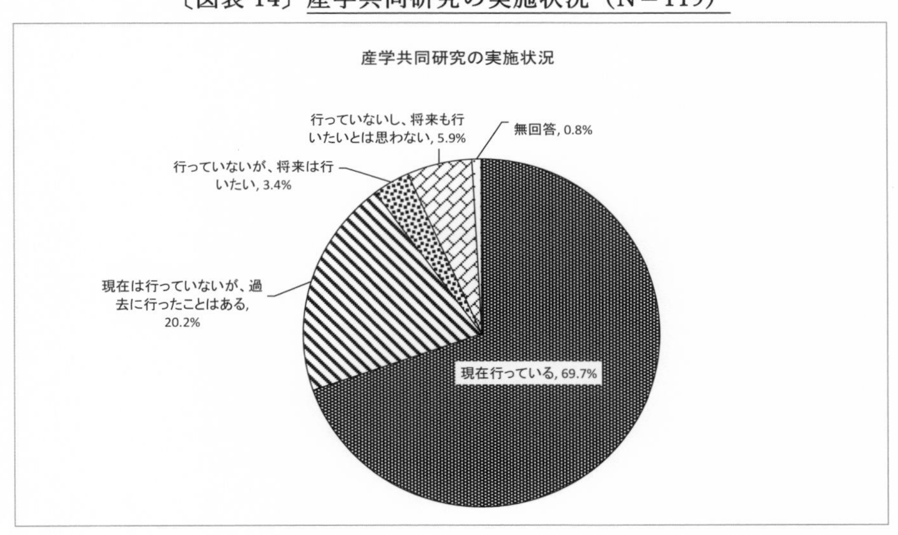

②産学共同研究を行う目的・メリット・・研究資金確保と社会実装が圧倒的

産学共同研究を「現在行っている」、もしくは「過去に行っていることがある」と回答した研究者に、産学共同研究を行う目的・メリットを尋ねたところ、「研究室の研究資金を確保できる」との回答（82.0%）と「大学の技術を社会に使われるものにすることができる（社会実装）」との回答（81.1%）が突出して多かった。次いで「研究室の研究能力を向上できる」が 39.6%、「企業の研究設備を利用できる」が 13.5%、「学生の就職先の確保につながる」が 9.0%となった。その他、「新規テーマ、別の視点を得られる」、「企業のニーズを知ることができる」、「学生を使うより、効率性が高い」、「具体的なニーズが分かる」、「産業界からの情報収集」、「意見交換」、「視野が広がる」、「企業に新しい技術を教育できる」、「学生への良い刺激、社会ニーズの把握」、「ニーズを知ることができる」、「学生のやる気を引き出すためにも有効である」、「日本の企業の研究力を上げるため」、「現場の問題、実データを得られる」、「学生と社会の接点」、「企業が保有するデータを提供してもらえる」、「企業視点の考え方を学ぶことができる（視野の拡大）」、「大学院生の研究のモチベーションが上がる」などの意見が出された〔図表 15〕。

〔図表 15〕産学共同研究を行う目的・メリット（複数回答、N＝119）

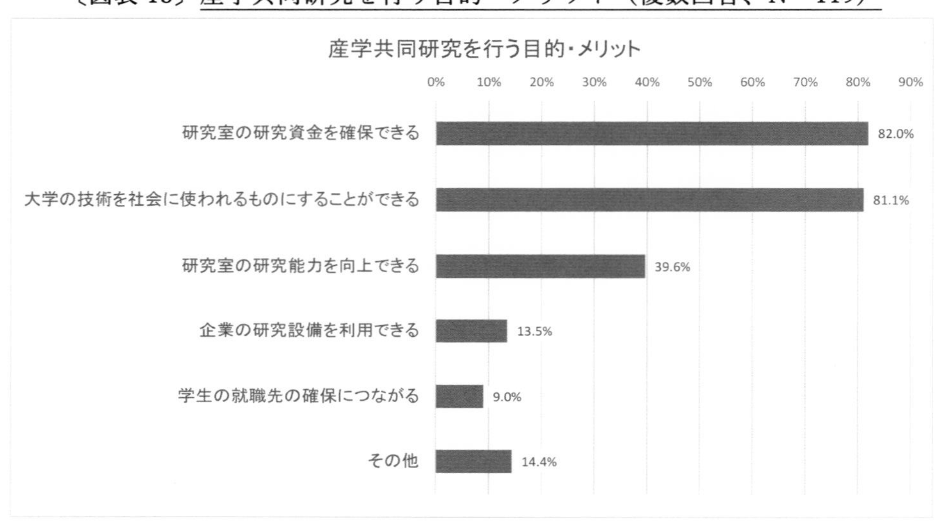

（４）留学生等の受け入れ状況

①海外からの留学生等の受け入れ状況・・中国からの受け入れが最多

外国からの留学生やポスドク・研究生の受け入れ状況について尋ねたところ、学部留学生を「現在受け入れている」との回答は 24.4%、「過去に受け入れたことがある」が 38.7%、「受け入れたことはない」が 30.3%となった〔図表 16〕。また、学部留学生を受け入れた国は、中国が 22.7%で最も多く、次いで韓国が 11.8%、米国が 5.9%などとなった。

大学院留学生を「現在受け入れている」との回答は 77.3%、「過去に受け入れたことがある」が 18.5%、「受け入れたことはない」が 4.2%となった〔図表 16〕。また、大学院留学生を受け入れた国は、中国が 58.8%で最も多く、次いで韓国が 18.5%、マレーシアが 12.6%などとなった。

ポスドク・研究生を「現在受け入れている」との回答は40.3%、「過去に受け入れたことがある」が42.9%、「受け入れたことはない」が15.1%となった〔図表16〕。また、ポスドク・研究生を受け入れた国は、中国が42.0%で最も多く、次いでインドが11.8%、ドイツ、フランス、韓国がそれぞれ6.7%などとなっている。

〔図表16〕留学生等の受け入れ状況(N=119)

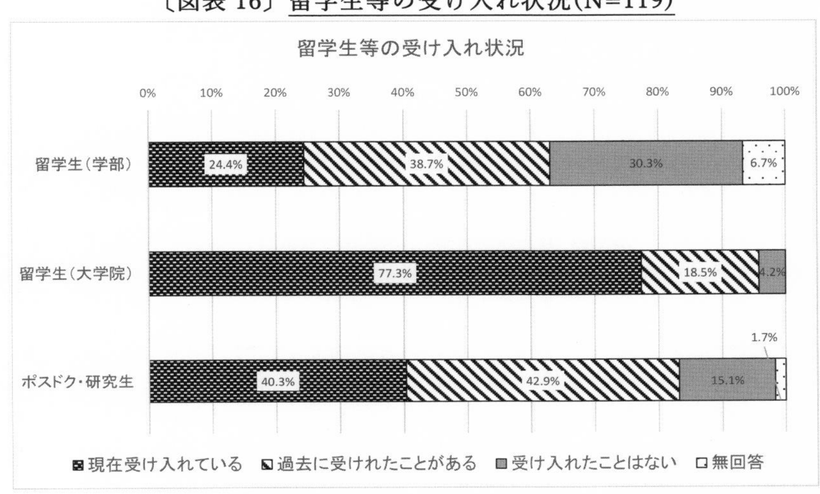

②海外から留学生等を受け入れるメリット・・国際化と人材確保

海外から留学生やポスドク、研究生等を受け入れるメリットについて尋ねたところ、「研究室の国際化を進め、海外で活躍できる学生を育成できる」との回答が76.5%で最も多く、次いで「研究に必要な研究人材を確保できる」が60.5%、「国際的な研究ネットワークが広がる」が52.1%の順となった〔図表17〕。

〔図表17〕海外から留学生やポスドク、研究生等を受け入れるメリット（N=119）

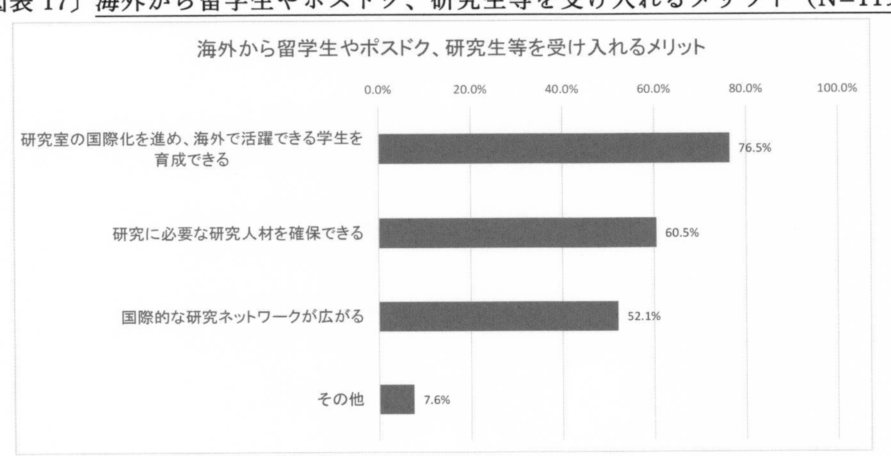

その他、「国際共着論文（評価指標のため）」、「学生の英語によるコミュニケーション強化」、「大学院定員を充たすことができる」、「国際貢献」、「大学の国際化、日本の学生への好影響」、「日本人学生の研究、意識、能力が上がる」といった意見が出された。

（５）海外の大学等との共同研究

①外国との共同研究の実施状況・・大半が実施

外国の大学・研究機関・企業との共同研究の実施状況について伺ったところ、「現在行っている」との回答は51.3%と半数を超えた。次いで、「現在は行っていないが、過去に行ったことはある」が36.1%、「行ったことはないが、今後行う可能性はある」が7.6%、「行ったことはなく、今後も行う予定はない」は5.0%となった〔図表18〕。

〔図表18〕外国の大学・研究機関・企業と共同研究の実施状況（N=119）

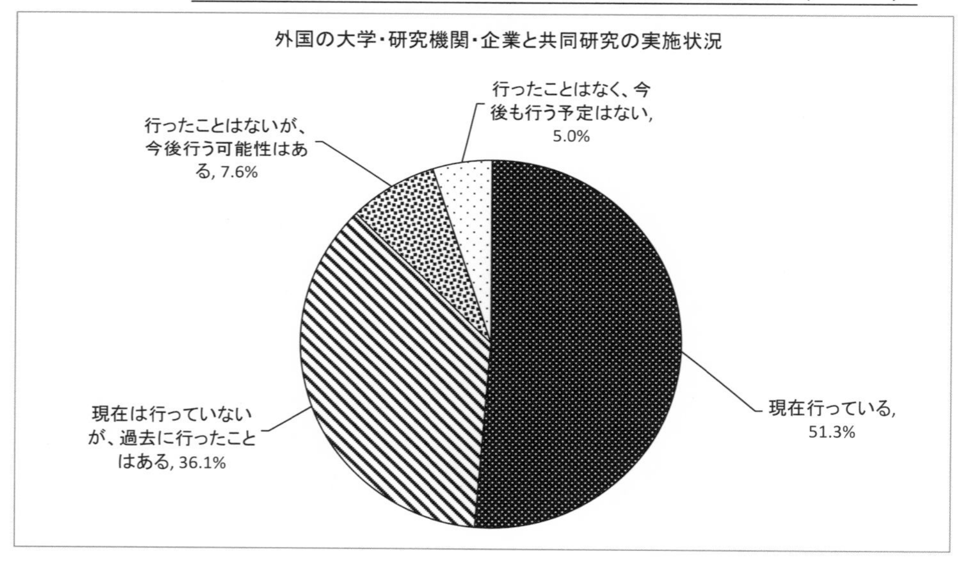

②共同研究の相手・・欧米の大学が多い

続いて、共同研究を行っている（過去に行った）の相手について尋ねたところ、米国の大学との回答が 27.9%と最も多く、次いでドイツの大学（17.3%）、中国の大学（14.4%）、フランスの大学（11.5%）、英国の大学（8.7%）、韓国の大学（8.7%）、ドイツの研究機関（7.7%）、中国の研究機関（6.7%）、米国の研究機関（5.8%）、タイの大学（4.8%）、米国の企業（4.8%）の順となった〔図表19〕。

また、共同研究相手（大学、研究機関、企業、その他、無回答）別に共同研究を行っている（過去に行った）国をみると、大学では米国との回答が 27.9%と最も多く、次いでドイツ(17.3%)、中国(14.4%)、フランス(11.5%)、英国(8.7%)、韓国(8.7%)、タイ（4.8%）などとなった。研究機関では、ドイツとの回答が7.7%と最も多く、次いで中国（6.7%）、米国（5.8%）、フランス（3.8%）などとなった。企業では、米国との回答が4.8%と最も多く、次いで中国（2.9%）、韓国（1.9%）などとなった。相手先無回答では、米国との回答が25.0%と最も多く、次いでドイツ(9.6%)、フランス(8.7%)、英国（7.7%）、韓国（7.7%）、中国（6.7%）などとなった。

〔図表 19〕共同研究を行っている（過去に行った）国と相手（N=104）

（６）日本の大学の国際競争力強化に向けた提言

日本の大学の研究環境を向上させ、日本の大学の国際競争力を強化するために必要な政策等について意見を伺ったところ、米国や中国に比べて格段に少ないとされる日本の研究予算や研究人材の確保に関する意見が多数出されたほか、大学の研究以外の業務負担の解消を求める意見が多かった。この他、学生の語学力向上、国際交流の推進、産学交流の推進、大学教員の評価・雇用条件の改善などに関する意見が出された。

①研究予算の確保

研究予算の確保については、予算の増額、予算配分の見直し、人材育成関連予算の拡充などを求める意見が多かった。

“予算の増額”では、「米国、中国に比べ１／１０とも言われる大学予算で、まともな教育、研究ができる訳が無い」、「運営費交付金など経常的な研究費のカットをやめて、増額してほしい」などの意見が出された。

“予算配分の見直し”では、「現在特定領域への重点配分が過度に進み、そのような領域では“バブル景気”となっているが、領域選定の仕方に大いに疑問がある。ロビー活動で特定領域にお金を集中すると、日本全体が地盤沈下する」、「短期的視野での“選択と集中”ではなく、幅広く予算を配分したうえで人材を確保することで学問分野の多様性を保つことが大切だ」、「研究環境の向上、国際競争力の強化は、基本的には予算、それも非・競争的な研究費の拡充が最も重要と考える。科研費など競争的研究費は十全ではないものの、それなりに向上したとは思うが、一方で確実に研究を継続できる基礎的な研究費（校費）は激減している。このため、地方大学では何らかの競争的資金が取れないと研究を中断せざるを得ないところまで追い込まれている」、「経済成長に貢献できる研究課題ばかりを重視する傾向が目立つ。人口減少社会への対応など、社会にとって本質的に重要な課題に長期的に取り組む必要がある」といった意見が出された。

“人材育成関連予算の拡充”では、「博士課程、ポスドク人件費の拡充」や「博士課程、助教、準教授世代への（若い人への）研究費の充填」といった意見が出された。

以下、“予算の増額”、“予算配分の見直し”、“人材育成関連予算の拡充”、“予算制度、研究費・研究プロジェクトの管理”に分けて、アンケートで出された意見を紹介する。なお、文末の（）内は回答者の研究分野である。

a.予算の増額

- 競争的資金の格差を少なくし、基礎的な研究が十分に行えるように、運営費交付金を増やしてほしい。(応用化学関係)
- **米国、中国に比べ１／１０とも言われる大学予算で、まともな教育、研究ができる訳が無い**。現時点で一番審査、制度がまともな競争的資金である研究費をせめて１０倍にし、現行施設、設備を更新できる予算もつけないと、どんどん弱体化する未来しか無い。(機械工学関係)
- 運営費交付金の増額。競争的研究費[3]の採択率向上。選択と集中の廃止。(応用化学関係)
- 全大学に対しての、基盤材向きの予算の確保が必要である。これができないなら、大学を減らせ！！(応用理学関係)
- 基礎研究費（校費、科研費）の増額（審査を効率的に）。(応用化学関係)
- 基盤的研究費を理系学部生、大学院生、研究生１人当り年５０万円を配付する。加えて事務、設備維持費を一研究室当り 200 万円配分する（オーバーヘッド 30% は別付けで）。(応用化学関係)
- 大学研究室への予算配分増額。(応用理学関係)
- 自分は産学連携などで科研費にたよらない運営に努力しており、最近になってなんとか実現できているが、分野によっては難しいと考える。「選択と集中」の割合

[3] 競争的研究費は、第６期科学技術・イノベーション基本計画（令和３年３月 26 日閣議決定）において、「大学、国立研究開発法人等において、省庁等の公募により競争的に獲得される経費のうち、研究に係るもの（「競争的資金」とされていたものを含む）。」と定義されている。

が高すぎるので、「ばらまき」に近い配分を望みます。実験系の研究室では、200万円／年は最低限配分されることが望ましい。また、共通機器の充実と、そのメンテナンスの予算が望ましい。他大学で修理のお金がなく、研究がストップしている例を知っています。(応用化学関係)

- **運営費交付金など経常的な研究費のカットをやめて、増額してほしい。**(機械工学関係)
- 国の研究、教育予算の充実。(電気通信工学関係)
- 国立大学の予算増。(その他工学系)
- 研究分野への十分な研究費が提供されていない。(その他工学系)
- 薄くていいので、広く研究資金を配付すべき。(応用化学関係)
- 運営交付金の倍増。４～５０年前の日本の科学は現在より国際競争力が上であったことは明白。懐古主義と否定するのではなく、現代の要素を取り入れたルネサンスと考え、一部は元に戻すべき時である。(その他工学系)
- 研究予算の確保。(応用理学関係)
- 講座費が不足しているので、外部資金確保が必須。正規ポストの人件費も、今年から削減され始め、危機的状況と思う。国際レベルの環境がほしい。(金属工学関係)
- 国からの予算が毎年減らされるのはやめてほしい。外部資金の獲得も重要ではあるが、必ずしも全ての研究が外部資金獲得につながるわけではない。使った予算額で、研究の価値を評価する傾問にあるが、それは必ずしもよいとは思えない。(電気通信工学関係)
- 大学の教員が、大学法人化以降非常に早いペースで減ってしまっている。予算もすでに１割減っている。そのため大学は大変な努力そしてやりくりしているが、（大学の教員が雑務に追われて非常に忙しくなってしまっている）このような状況を学生は見ており、アカデミアとしてのポストがないことから、博士後期課程へなかなか進学しない。日本全体の底上げが必要なことを考えると、これは非常に危機的な状況である。法人前の予算に今すぐにでももどすべきであり、このままでは日本はさらに国際競争のための研究力がどんどんなくなる。(機械工学関係)

b.予算配分の見直し

- 自由で競争的な研究費（特に科研費）の拡充。**現在特定領域への重点配分が過度に進み、そのような領域では「バブル景気」となっていますが、領域選定の仕方に大いに疑問があります、ロビー活動で特定領域にお金を集中すると、日本全体が地盤沈下します。**本当にオリジナルでインパクトの大きい研究は自由で公平な競争で生まれるので、科研費を充実すべきと思います。(応用化学関係)
- 長期視点で留学生にとって魅力のある大学整備のための予算措置。(機械工学関

係）

- 科研費等、研究者が自ら課題設定できる研究費の充足、拡大を行う。　2．間接経費等の導入により、実質的な研究費の削減が進んでいるため、それを加味した配分額決定が必要。（応用化学関係）
- どのような研究にも使える予算を増やすこと。（その他工学系）
- 研究費を配分するところは専任の専門家がいて、結果まで見ている必要がある。もらう可能性がある大学の教員を集めて審査するのはよくない。専門家は世界中の会議にも参加し、すぐれた所に配分すべき。また国共の留学生等も国が配分するのではなく、研究費に人件費等も入っており、日本人留学生ともそれでやとうべきである。多くの書類等が国費留学生や研究員に対して必要で、研究費がそれらを含んでおり、研究者自身がやとう形にする方がいいと思われる。多くの人をへらせてその分専門家を配置できる。ＯＮＲとＣＡＲＤＲＯＣＫのよう。（船舶工学関係）
- 日本の大学の科学・技術力を維持し国際競争力を強化するためには、多様で裾野の広い学問分野を確保することが重要だと思います。そのためには、**短期的視野での「選択と集中」ではなく、幅広く予算を配分したうえで人材を確保することで学問分野の多様性を保つことが大切だ**と思います。（応用理学関係）
- 基礎的な研究費の増額。選択と集中をしすぎない。施設の更新。（航空工学関係）
- まず長期間働くことの価値をもう一度日本人が思い出すため、週休二日制を撤廃し、土曜日も最低午前中は、学校でも会社でも働くような文化を取りもどす必要がある。日本の研究環境は、昔から決してめぐまれていた訳ではない。それをアイデアと勤勉によっておぎない、世界的な仕事を成しとげたのである。近年、大学院生支援拡大にかじが切られたのはすばらしいことであるが、小制度の乱立は百害あって一利なしである。早期に一制度に統一（ＪＳＰＳ、ＤＣ１、２等）に統一することが望まれる。（応用理学関係）
- **研究環境の向上、国際競争力の強化は、基本的には予算、それも非・競争的な研究費の拡充が最も重要と考える。科研費など競争的研究費は十全ではないものの、それなりに向上したとは思うが、一方で確実に研究を継続できる基礎的な研究費（校費）は激減している。このため、地方大学では何らかの競争的資金が取れないと研究を中断せざるを得ないところまで追い込まれている**。私の記憶だと二十数年前、学部所属研究室（講座なので教員３、４人）では年に３百万円、大学附置研だと５百万程度の校費があり、当時の物価だと何らかの研究継続ができたように記憶している。これがどんどん減額されて実質的には使いようがなくなってきているのが現実である。競争的資金の拡充は喜ばしいことだが所詮短期的に成果の見込めるもの、すでに上がっているものに関して申請せざるをえないのが実態である。萌芽研究というこの問題を補うべき区分が存在するものの、やはり、なんらかの根拠を持って申請するわけで、全ての申請を採択できない以上、根拠がより現実的なものが採択される。従って、真に探索的な、語弊を恐れずにいうと。

「興味本位」「純粋な好奇心」で行う研究は除外されていると考えるべきである。こういった研究を許容し、大部分は単なる道楽のようなものになってもごく少数の１００%オリジナルな研究ができれば良い、という度量が必要と考える。このような考えは、例えばノーベル医学賞の名誉に輝いた大隅栄誉教授（東工大）も述べており、また、古くは Theodor W. Hansch の 2005 年ノーベル賞講演での知られた漫画スライド（５７枚目）にもよく現れている[4]。是非検討するべきことと考える。国際競争力と関連して国際的な Visibility の問題も我が国の問題と思われる。やはり、欧米は距離も近く、また、近年の LCC の発展で少なくともコロナ前は相当気軽に他国の研究集会でも参加していた（特にヨーロッパ内）。こうなるとどこの研究者が何をやっているかもよく知られており、論文を投稿するだけと異なり、顔が見えているために無視しにくくなる。また、討論の機会も多くなれば実力も自ずと知られるわけで、この研究に関して、あの研究者を言及しなきゃ、というように自然になっていく。この点でも、基礎的な非競争的研究費を拡充して若手の内から年１、２回は欧米での学会に参加させ、交流促進するのは重要であろう。その結果、国際共同研究の端緒があれば積極的に予算支援してこれを拡充していけば、我が国に国際的な研究ハブが育成されていき、100%ではないにしても距離のハンディを凌げると思われる。時として、ネット利用（Zoom、Skype など）でこれをカバーできると勘違いする輩がいるが、これが機能するのはお互いの信頼関係が出来上がっていて、共同研究が始まっていることが前提である。直接対面し、くだらないことも含めて雑談や討論を通じて人柄を知り、その上でお互いの手の内を曝け出す共同研究が初めて可能になるのであり、この信頼関係なくしては国際共同研究や、しばしば引用されるインパクトの高い研究は難しいと考えるべきである。以上、雑観であるが参考になれば大変幸いである。（応用化学関係）

- 学際的、融合的な研究課題がより奨励されるべきと考えます。ひとつの分野で社会的、グローバルな問題が解決されることは困難であり、学際がカギを握ることが多くなっていますが、科研費をはじめとする競争的資金の細目の制度が、取り組みを難しくしています。より柔軟な評価システムの検討を期待いたします。（その他工学系）
- **経済成長に貢献できる研究課題ばかりを重視する傾向が目立つ**。人口減少社会への対応など、社会にとって本質的に重要な課題に長期的に取り組む必要があります。（土木建築工学関係）

c.人材育成関連予算の拡充

- 研究費、人材育成費等予算の大幅な増大。（応用化学関係）

[4] https://www.nobelprize.org/uploads/2018/06/hansch-slides.pdf

- 博士課程、ポスドク人件費の拡充。科研費（研究者個人のアイディア）の拡充。（機械工学関係）
- 博士課程の無料化と奨学金の充足。国公大にかぎらず、主要私大の補助金…特に研究予算配分を大幅に増す。（応用理学関係）
- 博士課程、助教、準教授世代への（若い人への）研究費の充填。（土木建築工学関係）

d.予算制度、研究費・研究プロジェクトの管理

- 研究予算フォーマットの統一化。予算問の申請書のトランスファーを可にする。（無回答）
- 日本の大学の国際競争力についてはその低下が顕著になっており、大変危惧しております。自身の経験から、国際競争力の低下改善は無理だと思いますが、下記の政策を行えば少しは先延ばしするものと思われます。
  予算制度の変更：特に年度ごとに使い切りやゼロ決算をやめる。小さなものは、繰り越しとかできます。科研もできます。が、本当に必要な大きなものがそうなっていません。また**３年とか５年とか、研究期間を決めるのも止める必要があります。研究に時間がかかるものもそうでないものもあるのに、第ＸＸ中期計画毎とか、予算の都合で３，５年区切りがあるのは無意味です。研究のマネジメントに割く時間を減らす。大型研究費に特有の研究のマネジメントが多すぎます**。研究者には自由時間を与える必要があります。それなのに、予算の進捗管理やゼロ決算、はては、報告書まで、予算を持ってきた研究者が責任を管理することになっています。できるわけがありません。日本医療研究開発機構（AMED）や科学技術振興機構（JST）のPD／PO／PS制度や新エネルギー・産業技術総合開発機構（NEDO）のＰＬ制度、を見直す。AMED、NEDO、JSTで設けられているこの制度はあまり機能していません。実際に研究に携わってない方への報告や説明になり、時間がさらに重なってとられます。大きな予算になるほど、マネジメントが難しくなっています。欧米に無いオリジナリティとか、勝つ戦略を止める。かける費用も欧米に比べてまったく大したことがなく、かつそれを実施する体制もないのに、欧米の同様のプロジェクトより上とか、オリジナリティが優れているとか、そのようなことを求めてプロジェクトを立案するようにするのは無理があります。それを言われると、実施する側はそれに答える必要があり、無理に頑張ってしまいます。研究者のやりがい搾取はやめて欲しいというのが実感です。
  学内の会議は全て有料制にする。独立法人化してから、多数の会議があります。自身も研究以外に学内のマネジメント会議が年間２００回ほどあります。これでは、何かできるといってもどれもできません。限界が来ています。特に**働いている、仕事のできる研究者にあらゆる事柄が集中**しています。大学側の会議は有料化し、コストを見えるかすることにより、マネジメントする時代に来ています。

文科省からの調査や大学へのリクエストも多すぎます。(応用理学関係)

②研究人材の確保

研究人材の確保については、教員・大学院生・ポスドク・技官などの研究人材や事務職等の研究支援人材の増加策に関する意見や、大学院生・ポスドクの雇用及び経済的支援に関する意見が多数出された。

“研究人材・研究支援人材の増加策”では、「民間企業での博士取得者への高給与、博士枠増加、大学、国研の人材増などの博士学生増加策」、「研究支援人材(事務、技術員)の充実」などを求める意見が出された。

“大学院生・ポスドクの雇用及び経済的支援”では、「大学院授業料の無償化」、「優秀な人材が安心して長期的視野で研究できるように、任期なしの安定研究職を増やすべき」、「博士の学生を企業で有効活用」、「大学院生を雇用する企業への補助金」、「大学の承継ポストを増やす(大学教員の雇用の安定化)。博士学生の社会での受け入れ先を増やす」、「研究者のパーマネントポスト(大学)の増加」、「若手人材のフルタイム雇用の増大、拡大」などの意見が出された。

以下、“研究人材・研究支援人材の増加策”と“大学院生・ポスドクの雇用及び経済的支援”に分けてアンケートで出された意見を紹介する。

a.研究人材・研究支援人材の増加策

- 博士後期課定への進学率を高める方針を国として定めてほしい。(応用化学関係)
- **博士学生増加策(民間企業での博士取得者への高給与、博士枠増加、大学、国研の人材増など)**。(応用理学関係)
- 博士課程への進学率の向上と支援(企業の採用を含む)。(応用化学関係)
- 教員、事務、技官の数を大幅に増やす。(応用化学関係)
- **研究支援人材(事務、技術員)の充実**。(応用理学関係)
- 優秀な若手(学部生〜大学院生)マンパワーの確保:教育。(応用化学関係)
- 若手の研究者のポストを増やすこと。昔は小講座制で、教授一助教授と2名の助手(現在の助教)がいたときいています。とにかく学生を直接指導できる若い研究者が多くいて、かつ学内の作業も分担できるようにするべき。(土木建築工学関係)
- 法人化で導入された中期目標を廃止する。教員ポストの増加。(その他工学系)
- 若手を含む研究者(常勤教員)の増加。博士課程学生の増加(卒業後の進路が不安定で、修士で就職するケースがほとんど)。(金属工学関係)
- 博士人材の育成が必要。国際規準での評価が必要。(電気通信工学関係)
- 事務作業や講義補助、研究補助などの人的資源を充実させること。研究者数を増やすこと。(その他工学系)

- 日本の大学の研究力は、大学院生と教員によって支えられてきました。現在、過度な多様化が進みすぎた小、中、高等学校教育の結果として、学生たちは楽な方へ楽な方へと進路を選ぶ傾向が目立っています。何年かかれば芽が出るかも分からない研究は避け、「役に立つ」と分かっている既存研究にのみ人気が傾っています。初等教育において、正しい研究の価値を教えるとともに、流行に流されない学問の選び方を示す必要があります。(応用化学関係)
- 専従人材を増やす。スペースを増やす。(応用化学関係)
- 日本の大学の科学・技術力を維持し国際競争力を強化するためには、多様で裾野の広い学問分野を確保することが重要だと思います。そのためには、短期的視野での「選択と集中」ではなく、幅広く予算を配分したうえで人材を確保することで学問分野の多様性を保つことが大切だと思います。(応用理学関係)
- **大学の教員が、大学法人化以降非常に早いペースで減ってしまっている。予算もすでに１割減っている。そのため大学は大変な努力そしてやりくりしているが、（大学の教員が雑務に追われて非常に忙しくなってしまっている）このような状況を学生は見ており、アカデミアとしてのポストがないことから、博士後期課程へなかなか進学しない。日本全体の底上げが必要なことを考えると、これは非常に危機的な状況である。法人前の予算に今すぐにでももどすべきであり、このままでは日本はさらに国際競争のための研究力がどんどんなくなる**。(機械工学関係)
- 現状の短期的な研究成果を求める方針を改め、研究者の育成に主眼を置くべきである。よい研究者が育てば、自ずから優れた研究成果が得られる。現行の制度で、これに最も成功していると思うのは、ＪＳＴさきがけである。さらに若手の発展を促進するためには、若手研究者のポジション獲得機会の増加が必須であるが、そのためには、一つには教員数を学生の定員と関連付ける考え方を撤廃することが必要である。将来、総学生数は確実に減るのであるから、今の制度のままでは研究者の数も減ることになるのは自明である。(応用化学関係)
- 助手、技官等の技術スタッフの充実。(電気通信工学関係)

b.大学院生・ポスドクの雇用及び経済的支援

- 研究者及びそれを目指す若手の地位の安定化と向上。**大学院授業料の無償化**。(原子力工学関係)
- 日本人 phD の支援。(その他工学系)
- **優秀な人材が安心して長期的視野で研究できるように、任期なしの安定研究職を増やすべき**です。そのためには大学への安定した運営交付金を増すしかない。現状では優秀な人材は企業に行ってしまう。(電気通信工学関係)
- 博士学生の授業料を無償にする。(応用化学関係)
- 修士教育の充実（現状研究重視)。**返済不要の大学院生給付型奨学金の充実**。なぜ日本はポスドクが定着しないのか？　研究力の低下の要因である。企業の即戦力として、もっと認知、重宝されるべき。(応用理学関係)

- 博士後期課題の待遇を改善すること。博士の学生を企業で有効に活用していただくこと。(その他工学系)
- 大学の改革ばかり求められるが、社会が変わらぬ限り本質的な変化は期待できないのではないか。大学院生を雇用する企業への補助金、税金優遇の拡大等、文科省よりも経産省の施策も必要と思います。(原子力工学関係)
- 大学の承継ポストを増やす(大学教員の雇用の安定化)。大学の運営費交付金を増やす。博士学生の社会での受け入れ先を増やす。(土木建築工学関係)
- 博士課程学生のサポート（ＲＡ、給与)。(機械工学関係)
- 若手研究者のキャリアパス支援。(応用理学関係)
- いわゆる研究型大学に所属しているが、修士からすぐに博士に行く学生(日本人)がほとんどいない。入口の財政的支援があるにもかかわらず、少ないのは大きな問題で、将来の日本の研究力低下は必ず起こるであろう。博士終了後のキャリアパスを魅力的に見せる必要がある。(電気通信工学関係)
- 大学院博士課程学生やポスドクを雇用するための資金が不足している。学振ＰＤやＤＣも額が十分とはいえない。もう少し処遇をよくしないと優れた学生ほど出ていってしまう。(電気通信工学関係)
- **研究者のパーマネントポスト（大学）の増加。特に若手の任期付雇用の廃止。博士を取って初めの就職が任期付では、誰も博士に進学しない（インセンティブがなさすぎる）**。優秀な若手研究者は任期なしのポストにいても、どんどんステップアップして、より良い所に移っていく。研究補助職（技官さん）の復活（特にものづくり研究において)。(機械工学関係)
- 博士課程学生への経済的支援。(金属工学関係)
- 大学院生、特に留学生の就職を支援。(応用理学関係)
- 学生の博士課題へ進学する意欲の向上。博士課程学生へのサポートと就職チャンス（教員、研究員）の増加。(応用理学関連)
- 博士課程修了者が活躍できる企業が増えるような政策。米国でも大学院生のかなりの割合が外国人である。優秀な外国人が日本を目指すようになる政策。現状は最も優秀な層は米国に行き、日本には来ない。(その他工学系)
- 若手人材のフルタイム雇用の増大、拡大（最重要)。(土木建築工学関係)
- 大学の施設・設備を整備、強化して、優秀な人材が大学で研究を継続し易い環境を作る必要がある。このまま人材が大学に留まらない状況が続けば、研究は衰退することは必至と思う。(その他工学系)
- 学生への経済的支援、就職活動に振り回されないような配慮。アルバイトや就職活動に没頭し、研究に割く時間が年々減少しているイメージを持っています。ある程度研究に集中させ、見える形で成果を出させるような工夫が必要に感じます。(金属工学関係)

③大学の研究以外の業務負担の解消

「日本の大学は、研究以外の雑務が多く、実質的に研究に占める時間は半分程度である」など、大学の教員は研究以外の事務的な業務の負担が大きいという意見が多数あり、こうした問題を解消するために大学の事務業務を支援する人材の増加などを求める意見が多く出された。以下、アンケートで出された意見は次の通りである。

- 大学の教員が事務的業務を行わなくてはならず、貴重な時間を雑事に取られている。研究するための時間を確保する方策が必要である。(土木建築工学関係)
- 研究の時間、人員が確保できる対応(研究者、研究機関、大学を政策の下受けにしない国の対応)。(その他工学系)
- 教員数の増員。事務の支援力アップ。(その他工学系)
- 教員、事務、技官の数を大幅に増やす。評価は論文(質と量)で簡潔に→結果を次に活かす。(応用化学関係)
- 安全保障にもみられるように、行政の要求により実効性の低い作業に研究時間がとられる傾向がある。予算規模の大きな装置産業的研究を大学行政が志向する傾向が高く、「ちゃんと考える」タイプの研究がやりにくくなっている。これらの問題の解決が望まれる。(電気通信工学関係)
- **日本の大学は、研究以外の雑務が多く、実質的に研究に占める時間は半分程度である**。また、文部科学省の研究をよく知らない役人が管理したがる傾向にあり、文科省などへの提出資料にかなり振りまわされている。研究をするためには基礎知識が必要であるが、学生の学力低下も少子化で顕著になっている中で、研究を強調しすぎである。(土木建築工学関係)
- 大学教員のサポート拡充(研究に専念できる大学マネージメント体制、資金)。(機械工学関係)
- **研究に費やす資金があり、研究に費やす時間があれば、国際競争力は自然と高くなるはず**です。**現在は資金も時間も足りていない**状況です。政策となると難しい(運用の問題でもある)ですが、**大学の教員がすべき仕事を教育と研究に絞るべき**です。(応用化学関係)
- 教員業務の負担軽減。(応用理学関係)
- **自己点検、外部評価、コンプライアンス研修、学生のメンタル対応など、雑務に費やす会議時間、作業時間が増えて、研究に打ち込める自由な時間が昔に比べて減っている**。欧米の大学では事務職員や秘書がする仕事の多くが(日本の大学では)教員の負担になっている。**欧米では当たり前のサバティカル制度が日本の大学ではほとんど実施できてない。教員の自由な時間の確保が急務**。それには優秀な専門性を有する事務職員の配置が望ましいが、国公立は事務が公務員でお役所仕事体質が残り、受け身で事務改革ができていない。終身雇用の事務職員制度を改める必要がある。**大学の予算が削られて、真っ先に若手教員のポストが減った。**

その結果、学生にちかい場所で活躍する教員数が昔に比べて大幅に減少しており、研究能力、研究能力の継承が出来ていない。ボディブローのように将来のわが国の技術力に劣化を懸念している。博士進学者、若手教員に予算を付けてほしい。(土木建築工学関係)

- 大学事務を含めた研究、教育環境のＤＸ。留学生、外国人研究者受入れ時の事務的サポートの充実（インターナショナルハウスの充実、下宿探しのサポート等)。(電気通信工学関係)
- 留学生やＰＤを海外から研究室へ受け入れる際の、研究室で行わねばならない事務処理が多く複雑であり、かなりのパワーをさかねばならない。いろいろなサポートのしくみはできてきているが、縦割りでいくつもの部署とやりとりをしなくてはならないのが問題。(電気通信工学関係)
- 学内雑務の削減。(金属工学関係)
- 評価に時間を使わせないこと。給料を上げること。(その他工学系)
- 国際競争力の低下など問題が出される度に、アンケートや対応策の是示など本質的な研究とかけ離れた業務が増えて、研究を圧迫しています。そんな調査にかけるお金があるならば、各大学への運営交付金を増やした方が研究力は向上すると思います。(応用化学関係)
- サポート部隊強化一特に成果アピールに関するアラトソース。各種手続代理体制強化一負担大きすぎます。(応用化学関係)
- 教員の研究に専念できる時間の確保。(鉱山学関係)
- 大学教員の雑用が多いので、研究と教育に集中できる環境にしてほしいです。意見ではなく希望ですが。(応用化学関係)
- 雑務の軽減。(応用理学関係)(超伝導現象論、複雑系、量子ウォーク)
- 研究資金を得るための作業、報告に時間を取られることや、**最も研究に専念して成果を出すべき年令での研究者のポジションが不安定である事が、日本の研究競争力を低下させている**。(鉱山学関係)

④学生の語学力の向上

学生の語学力の向上に関しては、「日本の大学生の英語力は、中国とは対照的に、この四半世紀向上していない。高校や大学における英語教育、特に論的思考力を駆使しての議論を増やす」「日本における学会を日本語のみでなく、英語でも発表、聴講できるよう国際的な交流の場とする」など、以下のような意見が出された。

- **日本の大学生の英語力は、中国とは対照的に、この四半世紀向上していない。大学における（高校においても）英語教育、特に debute（論的思考力を駆使しての議論）を増やす**。日本の高校生も大学生も大学院生も皆、自主性に欠ける。これは何故か。一言で「国民性」と言ってしまえばそれまでであるが、政策的にももっと自己啓発的な小中高におけるシステム、我が国の民族性と風土に合った教育のあり方を模索する必要がある。（電気通信工学関係）

- **日本における学会を日本語のみでなく、英語でも発表、聴講できるよう国際的な交流の場とする**ことが必要。日本の大学の授業も、英語による講義を拡大することで、留学生が学びやすい場とする改革が必要。（応用化学関係）
- 語学教育（教員を含む）の拡充が必要。（応用化学関係）
- 英語交渉力強化。（応用化学関係）

（５）国際交流の推進

国際交流の推進に関しては「国費留学生数の増加」や「若手研究者の海外留学の拡充」など以下のような意見が出された。

- 行政と連携する２国間、多国間連携などの産官学連携研究を推進することで、規範的実践を構築、共有すること。（土木建築工学関係）
- **国費留学生数の増加**。教員評価制度の国際化への貢献へのウエイト増。（土木建築工学関係）
- 研究者が、海外での経験をもっと気軽にできるようなしくみがあると良い。大型の研究費の中に、海外への学生派遣など組み入れてもらえると良い。（応用化学関係）
- **若手研究者（ポスドク博士後期含む）の海外留学の拡充**。（電気通信工学関係）
- サバティカル制度を充実させる。在外研究制度を充実させる（在外“研究”だけでなく、在外“教育”の制度を作るとよいかもしれない。つまり外国の大学で教育（学生指導、授業担当）を行なう経験を持つ機会を作る）。（その他工学系）
- 日本の大学生（大学院生）を海外へ短期、あるいは長期派遣できる財源を確保し、共同研究を推進するシステムを作るべき。（応用化学関係）
- 日本及び所属大学の立位置を過不足なく把握し、海外と対等につきあうこと。（電気通信工学関係）
- 現在大学院での留学生受入れは、指導予定教員の受入れが前提となっており、日本人の大学院進学と異なっている。同じ基準にするべきと考える。（電気通信工学関係）
- （コロナ禍における）14日間の検疫について、国際会議参加者などに免除を行うなど、国際的な科学発展のための特別措置を考えてほしい。現状が続けば海外の研究者はだれも日本で行う国際会議に参加（現地参加）しない。JSPS外国人研究院（ポスドク）の枠を大幅に増やしてほしい。ポスドクを捜している若手外国人が多く連絡をとってくるが、ほとんど断わっている状況にある。（応用理学関係）
- 留学生の経済的サポートの充実（留学プログラムの充実など）。（応用理学関係）
- 米国でも大学院生のかなりの割合が外国人である。優秀な外国人が日本を目指す

ようになる政策。現状は最も優秀な層は米国に行き、日本には来ない。(その他工学系)

- とくに中国を意識して厳しいルールが適用されているが、手続きが煩雑で、しかし本当に産業スパイなどを防止できる実効性のあるものになっていない。過去１０年ほどの間に中国と日本の立場は大きく変わり、中国に優位性のある分野も多い。その中で日本の大学の研究環境を向上させるには、中国との人材交流が不可欠である。その妨げになることは国益に反する。(金属工学関係)

（６）産官学交流の推進

産学交流の推進に関しては「ドイツのように、産業界のニーズが自然と工学教育・研究に反映される体制が、ぜひとも必要」など以下のような意見が出された。

- 社会実装に協力してくれるベンチャーなどの企業体、あるいはそういう企業体が起業できる支援策や目ききできる知識人。(応用化学関係)
- **ドイツのように、産業界のニーズが自然と工学教育・研究に反映される体制が、ぜひとも必要**です。当研究分野（工作機械・切削加工）は、日本のものづくりを支える基盤技術分野ですが、近年日本の大学から当分野の研究室が減少し、学術分野の絶滅危惧種の一つに数えられるようになっています。この現状を放置すれば、現在の日本経済を牽引している世界競争力Ｎｏ．１産業（統計で、自動車と工作機械の２つだけだと聞いています）の一つである工作機械産業も、それが支えている自動車産業も、近い将来衰退することが強く危惧されます。ものづくり大国として最大のライバル国ドイツの工学系では、産業界から獲得した予算に連動して次年度予算が配分されるため、産業界からの予算獲得がないと研究教育体制が崩壊する体制になっています。そのため、産業上重要な当分野の研究室も、我が国のおよそ１０倍の規模があります。日本では、科研費に代表されるように、技術革新の経験を持たない教員同士が相互評価で予算分配を決めています。その枠組みを決めている官も同様に産業界の経験はありません。これでは産業界のニーズから乖離するのも当然ですし、将来技術革新を担うべき人材育成や研究もできるわけがありません。近い将来絶滅する前に、産業上必要な分野の教育研究が自然と大学で促進されるような経済原理を大学体制に取り入れることが急務だと思います。(機械工学関係)
- 産学官連携の強化のために、大学周辺への研究機関立地促進の施策等、規制緩和。大学の出資対象の更なる拡大。(土木建築工学関係)
- 公的研究機関との連携。企業との技術交流。(航空工学関係)

（７）大学教員の評価・雇用条件の改善

大学教員の評価・雇用条件の改善に関して以下のような意見が出された。

- 論文等で示される業績のみでなく、国際貢献や関連する活動、若手研究者、学生の海外経験を確保すること等を評価し、支援するしくみが必要では。かつての文科省の在外研究員制度の復活なども有効か。(その他工学系)
- 大学教員の雇用条件を改善してほしい。(応用化学関係)
- 教員の業績評価と地位とのリンク。ポスドクを４～６年した後、しかるべき業績があがっていたら安定したポストを提供する制度が必要。人事の透明性の確保。(応用理学関係)
- 研究資金を得るための作業、報告に時間を取られることや、最も研究に専念して成果を出すべき年令での研究者のポジションが不安定である事が、日本の研究競争力を低下させている。(鉱山学関係)
- 国際競争力を強化することに貢献する、成果を出せる人材の待遇を改善する必要がある。(土木建築工学関係)
- 研究費の獲得状況などで研究能力を比較するのをやめること。研究分野によっては、研究費を多くは必要としないものもあることを前提とすべき。論文も基本的には「代表的論文」をもって評価し、論文の数、引用等に依存しないこと。ともかく連名と相互引用によって（論文の）数を意図的に増やす研究者が多いことのほうが問題だから。(土木建築工学関係)

（８）その他

- 研究集会を主導できるような資金援助、または研究集会をマネジメントする組織の確立。(土木建築工学関係)
- 人口は年々減っていく中で、質のよい学生を各地の大学で集めるのは難しくなってきている。各都道府県に１つ国立大学を置いているが、そのようなインフラを継続できるだけの若年層はいないのではないか？各々の大学がもっと個性的になり、また組織数を減らして再編成してもよいのでは？(電気通信工学関係)
- 研究動向サーベイ等情報提供、プラットフォームの強化。(機械工学関係)

以上、第Ⅰ部では、文部科学省や科学技術振興機構の報告書、ならびに産政総合研究機構のアンケート調査結果を基に、日本の大学等の研究環境と国際競争力の現状と課題を概観した。続いて、第Ⅱ部では具体例として、先端技術分野でご活躍されている日本の大学等の研究者 10 名の方々の研究開発状況や日本の先端技術力の強化に向けたご意見等を紹介する。

第Ⅱ部　日本の大学・研究機関における研究開発状況

Ⅱ－１　ヒューマンファクター

筑波大学 システム情報系情報工学域
教授　伊藤　誠

１．ヒューマンファクターの概要

自動化の技術、Artificial Intelligence(AI)の技術が進展するにつれて、従来人間が行ってきた判断や操作の一部もしくは全部を自動化システムが代替することができるようになってきた。あるいは、いわゆるディジタルトランスフォーメーション(DX)により、なすべき判断や操作自体が根本的に変化するような事態も起こり始めている。自動化・ディジタル技術は、もはや一部の専門家だけが利用するものではなく、一般の人々を対象とした、安全にかかわるクリティカルな行動に関しても進みつある。自動車の自動運転がその典型例である。しかし、人間の行うべきことすべてが消え去るわけではなく、人間に残された、果たすべき責任・役割を、どのようにすれば問題なく全うすることができるかが大きな課題である。

システムに対する人間のかかわり方を考えるためには、人間の身体的特徴のみならず、状況の把握、なすべき行為の決定といった、認知のプロセスの特徴や限界を踏まえる必要がある。たとえば、一度に人間が注意を向けることのできるのはどのくらいの範囲であるかといったことや、一度に処理できる情報はどの程度であるか、といったことについて、その能力や限界を技術者が理解し、提示する情報の様態や量を適切に設計することが必要となる。

こうした、人間の特徴を理解して、システム設計に反映することを研究するのが、ヒューマンファクター（Human Factors）という学問・技術分野である。ヒューマンファクターは、古くは、原子力発電所や旅客機のような、大規模で、自動化の進んだシステムにおいて発生した事故やトラブルの原因を追究するという文脈で、事故の原因たる「人的因子」として取り扱われるものであった。他方、事故の再発を防止したり、別の事故の未然防止のためには、そうした人間の要素を踏まえてシステム設計に反映すべきだということになり、事故原因としての人的因子というよりも、システム設計を考える上での重要な要素として積極的にとらえられるようになっていった。そうして、だんだんと、ヒューマンファクター（学）という一つの学問領域として形を成すにいたったのである（厳密さを求める場合、学問としてのヒューマンファクターのことは「ヒューマンファクターズ」と呼ぶ）。

人間の認知にかかわる特徴を理解するという意味で、ヒューマンファクターは心理学に隣接している。ただし、得られた知見を工学に活かすところまでを当初から視野に入れている点が純粋な意味での心理学とは異なる。なお、学問としてのヒューマンファクターは、人間個人の問題だけではなく、その人間を取り巻くチーム、組織の在り方をも含めて議論の対象とすることがある。オペレーションをチーム、組織として適切に行うためには、チーム内のコミュニケーションを円滑に行うなどといった、いわゆるノンテクニカルスキルが重要であるからである。また、人間の特徴を考慮してシステム設計に反映させるという意味では、ヒューマンファクターは人間工学（Ergonomics）の一種であるとも言え、実際に、欧米ではHuman FactorsとErgonomicsをほぼ同義に使うこともある。ただし、人間工学という場合人間の身体的な特徴に配慮するというイメージが比較的強く、Human Factors という場合は人の認知(Cognition)に注目する傾向が強いと感じる。

ヒューマンファクターが対象とする問題を例示してみよう。ここでは、自動車のいわゆる「レベル３の自動運転」をとりあげる。レベル３の自動運転システムでは、システム作動中ドライバは運転操作・周辺監視から解放される。道路の交通状況を見ている必要すらない。しかし、システムが自動運転を継続できないとシステム自身が判断した場合には、ドライバに通知をして、運転操作をドライバに代わってもらう必要がある（これを、ドライバが運転をテイクオーバーする、という）。ここで問題となるのは、システムがドライバに通知してからどれだけの間システム自身で自動制御を継続して、安全を維持すべきかということである。あまりに短い時間（例えば１，２秒）のうちに自動制御が解除されてしまうということでは、ドライバが運転操作を開始する前に制御が切れてしまい、不安全になる。他方、あまりに長い時間（たとえば20秒以上）もの間、システムが責任をもって安全を確保するためには、システムが有するべき環境認識能力は極めて高いものである必要がある。制御システムを設計・構築するエンジニアからすれば、システムが安全を確保しておくべき時間はできるだけ短い方がよいが、人間の能力を考慮に入れた場合にどこまで短くできるかが問題である。

この、レベル３の自動運転におけるドライバの運転引継ぎ時間の設定問題において考慮すべきことはたくさんある。いくつか例を挙げてみよう。第一に、自動制御が継続している間に、「今、どこで、何が起こっているか」について、ドライバは完全に認識を失ってしまう可能性がある。そこで、状況の認識を適切なレベルに戻すためには、どれだけの時間がかかるかということを明らかにしなければならない。第二に、運転に復帰するために、そもそもどういう情報が必要なのかということも、実はよくわかっていない。自車線前方の障害物だけを認識できればよいのだろうか。隣のレーンの車両の存在についてはどうか。あるいは、自分がそもそもどこに向かって走っていたのかを忘れていたりはしないだろうか。このように、運転に復帰するために必要となりそうな情報はたくさんある。しかし、それを全部伝えるには時間がかかりすぎる。では、当面重要性の低い情報はドライバに提示しないとしたら、最低限必要な情報とは何だろうか。第三に、ドライバに運転復帰を求めるということ自体を、どのように情報として伝えればよいかも実はよくわかっていない。たとえば「運転を交代してください」と日本語で言えばよいのかもしれないが、それでは時間がかかりすぎるかもしれない。あるいは、運転席に座っているドライバが日本語を理解しない人であるということすらありうる。日本語で言えばいいというものでもないであろう。では、音声情報と視覚情報を組み合わせればよいだろうというのはすぐに思いつくことではあるが、組み合わせないと「いけない」のかどうか、ということもしっかり考えなければならない。

自動運転におけるドライバの運転引継ぎ問題に限らず、人間がかかわるシステムである以上、システムからの働きかけ、すなわち情報の提供、実際の制御が人間にどのような影響を及ぼすかを考慮に入れたうえでシステム設計を行うことが重要である。そのカギを握るのがヒューマンファクターであり、システムの安全な運用のために必要欠くべからざるものである。

〔図1〕人とシステムのインタラクション

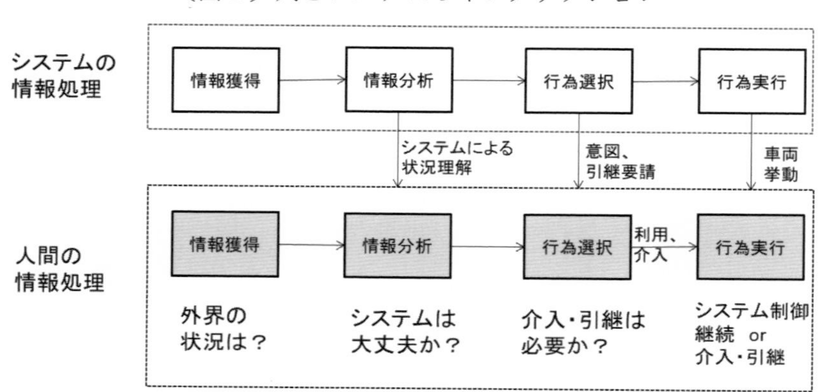

2．研究室の研究テーマと研究内容

筆者の研究室は、「認知システムデザイン研究室」（英語名 Laboratory for Cognitive Systems Science）という名称をつけている。筆者以外には大変なじみのない言葉であるので、少しだけ解説をさせていただければと思う。筆者の研究領域は、ヒューマンファクターなのであるが、筆者を含めごく一部の人はヒューマンファクターとほぼ同じ意味を表わす言葉として、認知工学(Cognitive Engineering)もしくは認知システム工学(Cognitive Systems Engineering)を使う。一般的には、ヒューマンファクターという言葉が広く使われるようになりつつあることから、最近は、「私はヒューマンファクターをやっています」と名乗るようにしている。しかし、研究室の看板としては、私にとってなじみのある「認知」、「認知システム」という言葉を残している。こちらの方が、人の「認知」に注目をしているのだということが、より明確な表現だからである。

当研究室では、人間が持つ認知（cognition）の仕組みを科学的に理解し、それを踏まえて人と機械（自動化システム、AI を含む）とが適切にかかわりあうことのできる関係性をデザインすることを大きな目的としている。この意味において、あるときは心理学者のように人の認知を科学する研究にも取り組むし、またあるときは、ヒューマンマシンインタフェース（Human-Machine Interface）を実際に設計するといったことにも取り組む。

筆者は、ヒューマンファクター、認知システム工学の中でも、とくに、システムの安全性にかかわる問題領域を対象としている。自動車の運転のように、人が何か作業をしている際の安全の問題を考えるとき、その人が利用できる情報が断片的・不十分であったり、費やすことのできる時間が限られていることが多い。そのような場合、状況を正しく理解し、適切な意思決定や行動を行うことは必ずしもうまくいくとは限らない。そうした意味での人間の限界を踏まえ、機械（自動化システム、AI）として何をできるのか、を考えなければならない。

人間の行動が信用できない場合に、機械側の対応として考えられるのは、人間の代わりに機械が必要な操作などを実行すること（自動化）であろう。ところが、ここに問題がある。自動化技術は、たとえそれが「設計仕様に記された機能を果たす」という意味で信頼性が 100%であったとしても、そもそもその機能が十分でないとか、その機能を活用できる前提条件が限定的であるとかするため、操作者としての人間を自動化システムが完全に代替することはできない。したがって、その自動化システムを、あらためて、操作者としての人間が助けないといけないということが生じる。今流行の自動車の自動運転を考えてみると、自動化システムに限界があることは自明である。実際、今実用化されつつある自動運転は、作動できる条件が限られており、その条件から逸脱する場合には人間（ドライバ）が運転を引き継がなければならない。

整理してみよう。すなわち、不完全な存在である人間を、不完全な存在であるシステムが助けるのだが、その不完全な存在たるシステムを、改めて不完全な存在である人間が助けなければならない、のである。ここに問題の本質があり、難しさがある。システムの側の不完全さは技術開発の進展につれて徐々に解消していくはずではあるが、どこまで行っても問題が完璧に解消されるわけではない。

このような背景のもとで、「不完全な存在たる人間はどこまで責任をもって関与すればよいのか、機械の場合はどうか」、ということを問うのが、当研究室での活動の根幹である。これを、端的に、人と機械とのかかわりあい（Interaction）のデザインと呼んでいる。この意味において、当研究室の活動は、Human-Machine Interaction の研究である。この問題は、人と自動化システムが存在するいたるところで起こっているのであるが、分野によって、人間の能力の及ぶ範囲や、利用できる情報、時間が異なるため、一般的な解を見出すのが極めて困難である。そこで、分野ごとに個別に問題解決を図るということを行わざるを得ない。

当研究室では、Human-Machine Interaction の研究対象として、古くは原子力発電所の中央制御室、旅客機のコクピットを対象として研究を行ってきた。これらの領域では、早くから自動化の技術導入が進んできていたからである。2000 年台に入ってからは、自動車分野において運転支援システムをどうデザインするかが主要なテーマとなっており、現在は自動運転をも含めて様々な研究に取り組んでいる。

ここでは、そのうち、主要な部分について簡単に紹介してみよう。

ごく例外的な分野を除けば、自動化機械を利用する際に、安全の確保の最終的な責任は、現場でオペレーションを行う人間（ドライバ、パイロット、オペレータ）が負うことになっている。そこで、自動化システムの設計原理は、「いざという時に、責任を持っている人間が、責任を全うするために必要な権限を適切に発揮できる」ようになっているべきであるとされる。これを、人間中心の自動化（Human-Centered Automation）と呼んでいる。人間中心の自動化では、安全にかかわる主要な意思決定は人間が行うべきであるとされる。ところが、判断に許される時間的な制約が極めて短いような状況においては、「人間が責任を全うする」ということが本質的に困難な場合がある。もしそのような状況で、まだ自動化システムに対応する余地が残されているならば、人間の意思決定を待つことなく、機械が自律的に判断・対処してもよいのではないかと考えられる。実際、機械の自律的な判断・対処を優先させた方がよい場合があることは、理論的にも実験的にも示されている。そこで、「通常は人が判断を行うが、状況によっては自動化機械の判断を優先する場合をも許す」という形で、状況に応じた柔軟な対応を自動化機械ができるようにするとよい。これを、アダプティブ・オートメーション（Adaptive Automation）という。当研究室では、アダプティブ・オートメーションの必要性を提案したり（たとえば、[1]）、航空機・自動車などを対象として、アダプティブ・オートメーションの具体的なデザインを例示したりしてきた。

アダプティブ・オートメーションの典型的な例は、自動車でいえば、被害軽減ブレーキ（Autonomous Emergency Brake System: AEBS）である。AEBS 実用当初（2000年台初頭）は、衝突が避けられないときにのみ作動が許されるように規制されていた。これは、ドライバが AEBS を過度に信頼することがないようにするための措置であった。これに対し、当研究室では、過信を防ぎつつ、衝突を回避することをも許すブレーキの必要性を早い段階から提唱するなどしてきた。今日、AEBS は衝突を回避することもできる場合があるような仕様になっている。

能力が完全ではない自動化システムを人間が適切に利用するためには、過信をいかに防ぐかということが重要な論点となる。そこで、当研究室では、人が自動化システムを信頼（あるいは過信、不信）するメカニズムに興味を持っている。自動化システムに対する人の信頼感を、作動条件を陽に考慮してモデル化することによって、人が機械を過信する原理の解明に取り組んでいる[2]。

AEBS は、「人が、行うべきことを行っていない」ときに自動化システムが介入するというタイプのアダプティブ・オートメーションである。これに対し、「人が、行ってはいけないことを行っている」ときに自動化システムが介入するということも必要な場合がある。これを、プロテクション（Protection）と呼んでいる。プロテクションには、人が行おうとする行為を「行いにくくする」ものと、「行えなくする」ものとがある。前者は、その行為を強行しようと思えば実行可能である。前者を、ソフトプロテクションと呼び、後者をハードプロテクションと呼んでいる。ソフトプロテクションは、対象となっている危険に対する安全の確保が十分ではない代わりに、人間にとって受け入れ可能でありやすい。これに対し、ハードプロテクションは、当該危険に対する安全確保はできるものの、人間にとっては受け入れられないことが多い。どのような場合にソフトプロテクションとし、どのような場合にハードプロテクションであるべきかの線引きは自明ではない。当研究室では、自動車走行中の後側方の死角にある車両との衝突を回避するためのステアリング操作を対象として、プロテクション機能のデザインに取り組んだ[3]。

プロテクションの機能と隣接する問題として、「望ましくない行為をやめさせる」だけでなく、「より望ましい行為へと誘導する」ということも考えることができる。特に、人間の側の能力が十分でない場合（たとえば障害を有する人など）、周辺の環境認識の能力が自動化機械の方が高いならば、機械の側から望ましいと考えられる操作へといざなう（ガイド）ことも必要となろう。ここでの問題は、どのような場合に、どの程度の強さでガイドするのが望ましいか、である。現在、プロテクションとガイダンスとの関係についての研究にも取り組み始めている。

〔図２〕研究に用いるドライビングシミュレータ

文献

[1]　Neville Moray, Toshiyuki Inagaki and Makoto Itoh: “Adaptive Automation, Trust, and Self-Confidence in Fault Management of Time-Critical Tasks,” Journal of Experimental Psychology: Applied, Vol. 6, No. 1, pp. 44-58, 2000. https://doi.org/10.1037//1076-898x.6.1.44

[2]　Makoto Itoh: "Toward Overtrust-Free Advanced Driver Assistance Systems," Cognition, Technology & Work, Vol. 14, Issue 1, pp. 51-60, 2012.

[3]　Makoto Itoh, Toshiyuki Inagaki: “Design and Evaluation of Steering Protection for Avoiding Collisions during a Lane-Change,” Ergonomics, Vol. 57, No. 3, pp. 361-373, 2014. http://www.tandfonline.com/doi/full/10.1080/00140139.2013.848474

３．産官学の連携状況

当研究室では、その時々に応じて、さまざまな連携を行っている。現在では、内閣府SIP の活動として、自動走行システムに関するヒューマンファクター研究のプロジェクトに参加しており、関係省庁をはじめ、自動車業界の方々との連携を行っているところである。SIP の活動は、いわゆる「協調領域」の研究である。

これに対し、個社との共同研究も様々に行っている。自動車業界でいえば、主要な完成車メーカとは過去に共同研究を行った経験がある。いくつかのサプライヤや、中立的研究機関とも共同研究の実績がある。

自動車分野以外でも、民間航空会社、鉄道事業者、との共同研究の実績がある。

また、筆者が担当する大学院の学位プログラム（リスク・レジリエンス工学学位プログラム）では、協働大学院方式として、学外の様々な機関に参画していただいている。筆者の関係するところでは、日本自動車研究所、産業技術総合研究所、労働安全衛生総合研究所、セコムＩＳ研究所の方に協働大学院教員として、学生の指導にご協力をいただいている。

SIP のプロジェクト

[1]　令和元年‐3 年度「戦略的イノベーション創造プログラム（SIP）第 2 期／自動運転（システムとサービスの拡張）／自動運転の高度化に則した HMI 及び安全教育方法に関する調査研究」，代表　産業技術総合研究所

[2]　平成 30‐令和 2 年度「戦略的イノベーション創造プログラム（SIP）第 2 期／自動運転（システムとサービスの拡張）／視野障害を有する者に対する高度運転支援システムに関する研究」，代表　理化学研究所

[3]　平成 29,30 年度「戦略的イノベーション創造プログラム（SIP）自動走行システム／大規模実証実験／HMI」，代表　産業技術総合研究所

[4]　平成 28 年度科学技術イノベーション創造推進費「戦略的イノベーション創造プログラム（SIP）・自動走行システム」（内１⑨）自動走行システムの実現に向けた HMI 等のヒューマンファクタに関する調査検討

共同研究での成果発表例

[1]　Jieun Lee, Genya Abe, Kenji Sato, and Makoto Itoh: “Influences of Demographic Characteristics on Trust in Driving Automation,” Journal of Robotics and Mechatronics, Vol. 32, No. 3, pp. 605-612, 2020. doi: 10.20965/jrm.2020.p0605

[2]　Makoto Itoh, Toshiyuki Inagaki, Yasuhiro Shiraishi, Takayuki Watanabe, Yasuhiko Takae: “Contributing Factors for Mode Awareness of a Vehicle with a Low-Speed Range and a High-Speed Range ACC Systems,” Proc. HFES 49th Annual Meeting, Vol.49, (3), pp. 376-380, 2005.
https://doi.org/10.1177%2F154193120504900334

４．国際交流の状況

当研究室では、欧米諸国の研究者と共同研究、研究交流を継続的に続けている。ヨーロッパでは、フランスの University of Valenciennes(現在は、Université Polytechnique Hauts-de-France と名称変更)と部局間交流協定を結び、Prof. Frédéric Vanderhaegen, Prof. Marie-Pierre Pacaux-Lemoine らと継続して、日本への招へい、フランスへの渡航を定期的に行い、共同研究を続けてきた（たとえば文献[1]）。また、オランダの Delft University of Technology の Prof. David Abbink, ドイツの Fraunhofer Institute for Communication, Information Processing and Ergonomics FKIE の Prof. Frank Flemisch[2]、スウェーデンの Chalmers University of Technology の Prof. Giulio Bianchi Piccinini[3]、米国では、Old Dominion University の Prof. Yusuke Yamani[4]との共同研究、論文の共同執筆を行った経験がある。さらに、現在、英国 Coventry University との部局間交流協定の締結に向けて、Prof. William Payre と準備を進めているところでもある。

また、当研究室では、留学生も幅広く受け入れている。現在在籍中の留学生には、中国、韓国、インドネシア、パレスチナ、アルジェリア、チュニジア出身者がいる。また、過去に受け入れた例では、上記以外に、マレーシア、コロンビア、イラク、フランスなどがある。これまでに、留学生で博士の学位を取得したものは５名、修士の学位を取得したものは 17 名を数える。Best Student Paper Award, IEEE SMC 2020 Annual Conference, THE IEEE SMCS THESIS GRANT INITIATIVE など、国際的な賞を受賞した留学生もある。

国際共著論文の例

[1] Makoto Itoh, Marie-Pierre Pacaux-Lemoine, Frédéric Robache, and Hervé Morvan : “ANALYSE DE MANŒUVRES D’EVITEMENT EN SITUATION D’URGENCE DANS LE CADRE DE LA CONDUITE AUTOMOBILE,” Journal Européen des Systèmes Automatisés, Vol. 48, No. 4-5-6, pp. 493-509, 2014.

[2] Frank Flemisch, David A. Abbink, Makoto Itoh, Marie-Pierre Pacaux-Lemoine, & Gina Wessel, “Joining the blunt and the pointy end of the spear: towards a common framework of joint action, human-machine cooperation, cooperative guidance and control, shared, traded and supervisory control,” Cognition, Technology & Work, Vol. 21, No. 4, pp. 555-568, 2019

[3] Haneen Farah, Giulio Bianchi Piccinini, Marco Dozza, Makoto Itoh: “Modelling Overtaking Strategy and Lateral Distance in Car-to-Cyclist Overtaking on Rural Roads: A Driving Simulator Experiment,” Transportation Research Part F: Psychology and Behaviour, Vol. 63, pp. 226-239, 2019.

[4] Yusuke Yamani, Shelby Long, Makoto Itoh: “Human-Automation Trust to

Technologies for Naive Users Amidst and Following the COVID-19 Pandemic,"
Human Factors, Vol. 62, Issue 7, pp. 1087-1094, 2020.

留学生による論文の例

[5] Jieun Lee, Yusuke Yamani, Shelby K. Long, James Unverricht, and Makoto Itoh: "Revisiting Human-Machine Trust: A Replication Study of Muir & Moray (1996) Using a Simulated Pasteurizer Plant Task, Ergonomics, (accepted)

[6] Husam Muslim, Makoto Itoh: "Long–term Evaluation of Drivers' Behavioral Adaptation to an Adaptive Collision Avoidance System," Human Factors (published online)

5．日本の先端技術力の強化に向けた意見等

ヒューマンファクターという観点から日本の先端技術力の強化について考えた場合、欧米諸国や中国等と比べて著しく劣っているわけではないということを指摘しておきたい。人間の能力の限界を適切に見極めることはどの国の研究者にあっても簡単なことではない。むしろ、日本の消費者の厳しさという点では、ヒューマンファクターを考慮したシステム設計への目配りができる技術者は多い。

しかし、情報の発信力という点では課題がある。ヒューマンファクターに関する基本的な考え方、概念の多くは欧米からの輸入ものである。研究成果の発信という意味でも、自動車業界ではとくに国内の研究者との闘いが重要な場合があり、ややもすると国内での成果発表に力を入れすぎるきらいがある。必然的に、海外の論文誌での国際会議等での日本の研究者の存在感は、そのポテンシャルに比して弱い印象を持っている。英語力の問題もあるが、それ以上に、戦略的に国際的なプレゼンスを高めることへの意識が弱いように感じる。

また、ヒューマンファクターを専門的に学ぶことのできる場が高等教育機関にほとんどないということも問題である。日本では、心理学の一部にいる工学的なことに関心のある人、あるいは工学分野の一部にいる心理学的なことに関心がある人、がそれぞれ個々にヒューマンファクターの問題に取り組んでいるにすぎず、教育・研究組織としては確立していないことが多い。このためか、企業の中でも、ヒューマンファクターの専門家の存在感が薄い傾向にあるように思われる。開発工程の最下流の方で「尻ぬぐい」的な活動しかできない場合も多いような印象を持っている。ユーザが適切に利用できるシステムを実現するためには、ヒューマンファクターの果たすべき、果たすことのできる役割は小さくないことから、開発の上流工程においてヒューマンファクターの専門家、あるいは少なくともヒューマンファクターをよく理解する技術者が関与することは重要であると考える。

Ⅱ－２　ブレイン・マシン・インターフェース

慶應義塾大学理工学部生命情報学科
准教授　牛場 潤一

１．ブレイン・マシン・インターフェース技術の概要

ブレイン・マシン・インターフェース（Brain-Machine Interface、以後 BMI）とは、脳の活動と機械の動作を対応づけて、1 つのシステムとして機能するようにした技術のことである。テレパシーやサイボーグのようなサイエンスフィクションがまさに BMI であり、人間の能力拡張技術としての期待が高まっている。また、現在の医療では治療が困難な精神神経疾患の治療につながることが期待されている。「これまでにできなかったことが、できるようになる」という点で、BMI 技術は革新的ではあるものの、それは同時に、私たち人類がこの技術の正の側面をどのように享受し、リスクとどう向き合うのかを考えていかなくてはならないことを意味している。

BMI について理解しやすいのは、医療応用の事例を見ていくことである。まずは、「入力型」と言われる、"脳へ情報をインプットする"タイプの BMI について見てみよう。

マイクで拾った音を、耳の近くにある聴神経に電気的にインプットすると、難聴の人は音が聞こえるようになる。また、メガネのなかに仕込んだ小型カメラの映像を処理して、網膜や視覚野と呼ばれる脳の領域にインプットすると、視覚障害の人は外界を見ることができるようになる。YouTube に掲載されている The New York Times のドキュメンタリー動画（https://youtu.be/WhYe6REdljw）では、視力をほとんど失った患者が、この視覚再建手術を受けたことで、白杖を併用しながら横断歩道を渡ったり、お気に入りの歌手のステージを眺めて楽しんだりすることができるようになったというインタビューを見ることができる。BMI はこのように、神経の病気で障害を抱えている人の機能をサポートする技術として実用化が進められている。

聴覚や視覚といった感覚の情報を脳が処理する過程に、センサやプロセッサが介在することができるのであれば、定型発達した人とは違った脳の仕組みを、BMI によって人工的に作ることもできるのかもしれない。アーティストのニール・ハービソンの例を見てみよう。彼は、１色型色覚と言われる先天性の色覚異常だとされている。外界の色を感じたいと考えた彼は、昆虫の触角のようなカメラを頭に取り付けて、色を音に変換するプログラムをマイクロチップに書き込んだ。この不思議な装置は、匿名の医師によって頭蓋骨（脳ではない）に埋め込まれ、もはや取り外しができない状態になっている。頭の上に生えているカメラが、景色のなかの色に応じてさまざまなサウンドを音に変換する。この音は骨伝導を通じて、彼に常に提示されるのだ。彼はその音を通じて「色」を理解し、生活に順応することに成功している。

厳密にいえば、これはまだ、脳神経との直接な接続がなされていない点でBMIではない。しかし、カメラで拾った映像を信号に変換して、聴神経に（音刺激として間接的ながら）インプットしている、という点で、「原理としては、ほぼBMI」と解釈することができる。彼の事例や、冒頭に解説したBMI医療応用の話を通して知ることができることは、3つある。1つめは「共感覚やサヴァン症のような非定型な感覚や能力を、BMIによって獲得できる可能性がある」ということ、2つめは「そうした"能力拡張型BMI"を作るための要素技術は、既に世の中に存在している」ということ、そして最後に、「いくら一般人が手を出せない、外科的措置が必要な埋植型のBMIであったとしても、進歩的な医師がその気になれば、実現してしまう可能性がある」ということである。BMIは医療技術として確立し、社会実装が進んだが、それとともに、健常成人の能力拡張が原理的に可能であることを人々に気づかせ、そうしたアプローチが社会的に許容されるのか、私たちに倫理的な問いを投げかけてもいる。

「介在型」と言われる、"脳のなかの情報処理プロセスに介在する"タイプのBMIでも、医療応用と倫理の間で緊張が起きている。介在型のBMIで有名なものは、脳深部刺激（Deep Brain Stimulation, DBS）である。パーキンソン病やジストニアと呼ばれる、神経ネットワークの機能異常による運動障害に対して、基底核とよばれる運動調節の座に針状の電極を挿入し、電気刺激を与えて神経活動のバランスを整えるものである。薬による神経機能の調節が効きにくくなった患者に、このDBS治療は広く行われている。電極は脳の中にあるが、電気刺激装置、充電器、対外との通信機器は脇の下に埋植される。DBSによって手足の震えや筋肉のこわばりがとれ、体の動きや痛みが劇的に改善する。

最近では、この針状の電極から脳活動を常時読み出して、特定の脳状態になったときだけ、自動的に針先から電流を流すという、自動応答型の仕組みが研究されている。脳の状態は揺らいでいるので、悪い状態に陥った時にだけ、速やかに脳刺激を与えて状態を調節しようというものである。不必要な刺激が無くなるので、副作用の心配も減るし、体内にあるバッテリーも長持ちするという考えである。脳への長期的な有効性も更に高まるものとして期待されている。

しかしこの仕組みは、人間の神経系に人工的な"反射"の仕組みを導入するものであり、辞めたいと思った時に自らの意思でこれを止められるのか、辞めたときに脳の機能を元の状態に戻すことができるのか（手遅れにならないのか）といった心配が頭をよぎる。また、針状の電極が挿入される基底核は、運動調節のほかに情動も司っているので、電極の位置がずれたり、流す電流が大きすぎて周囲に漏れ出たりしたときに、精神状態が思わぬ形で変調を受ける可能性がある。現にDBS治療の初期には、間違って快楽中枢が刺激される事例が起き、手術を受けた患者が自宅でマスターベーションのようにDBSを使用していたとの報告もある。

精神の調節に関する倫理的議論は、世界的に大きなうねりがある。ロボトミーという名前で知られている精神外科手術、前頭葉切断手術を、精神疾患に対する根本治療として考案したエガス・モニスとヴァルター・ルドルフ・ヘスは、1949年にノーベル生理学・医学賞を受賞しているが、その後ロボトミーは全世界的に禁止され、日本でも日本精神神経学会が 1975 年に「精神外科否定決議」を採択している。ただ、海外では，定位脳手術による脳深部の局所切截や電気刺激が，難治性の強迫性障害やうつ病の治療の最後の手段として今も行われている（拙著『精神を切る手術』岩波書店，2012 年参照）．海外だけでなく日本でも、脳深部刺激で神経疾患の治療に実績を積んできた脳神経外科の専門医が、一部の精神科医や基礎神経科学者と協働して、精神疾患にもこれを実施しようとする動きがある。薬による精神疾患の緩和や寛解が一般的な治療選択となった現代に、BMI という機械を使ったアプローチもまた受容されるようになるのかが、ひとつの倫理的議論になるだろう。

「出力型」と言われる、"脳の情報を外へアウトプットする"タイプの BMI は、「念じるだけで機械が動く」という、テレパシーやサイボーグのような仕組みのことである。これまでに、ロボットアームを自在に操って飲食をしたり（図 1a)、SNS を使ってメッセージを発信したりする実証実験が披露されている（図 1b)。麻痺している自分の腕に電極ワイヤを植え込んで筋肉に電気刺激を送り込むことで、「念じて自分の体を動かす」ことを可能にした被験者もいる（図 1c)。脳で作られた運動シグナルが筋肉にまで送達できるようなケース（たとえば腕の部分切断など）の場合には、筋肉からその運動シグナルを読み出すことでより複雑な運動意図を読み出すことができ、より自然な腕の動きをロボットアームに代行させることができる（図 1d)。これらの例からも分かるとおり、自分の身体を外部に拡張させて、それを意のままに操る世界は、学術の世界では高い水準で実現されているのである。あとは、製品としての水準（たとえば量産性、性能、安全性、ユーザビリティ、経済合理性など）が整えば、入力型や介在型のように市場に出力型 BMI 製品が登場するように思われる。

出力型 BMI では、4 ミリ四方の基盤の上に 100 本を超える針状の電極が剣山状に配置されていて、これを脳の複数箇所に植え込む技術がよく用いられている。ただ、脳の神経細胞に対して針状の電極が大きく、硬いため、長期的に埋め込んでいると脳組織が次第にダメージを受けたり、かさぶたのような瘢痕ができてしまう。そのため、糸のように細くしなやかな電極を使って脳に縫い込む方法（図 2a)、脳血管のなかに留置する医療用ステントをセンサ化して、血管の外にある神経の活動を間接的に読み出す方法（図 2b)、米粒サイズのセンサを脳の中に複数散在させて、ワイヤレスネットワークを構築する方法など、実にさまざまな開発が行われている（図 2c)。また、頭蓋骨の一部を電気回路基盤に置き換えて、脳の表面から面状に脳活動を読み出す方法も検討されている（図 2d)。

2020 年から 2021 年にかけて、こうした"出力型 BMI"の事業化イベントが相次いだ。たとえば、米粒サイズのセンサを扱う Iota Biosciences は、2020 年にアステラス製薬によって 1 億 2,750 ドルで買収されたほか、剣山型センサやステント型センサを使った"出力型 BMI"は、2021 年に米国 FDA からの臨床試験の認可を受けている。

---- （図 1） --

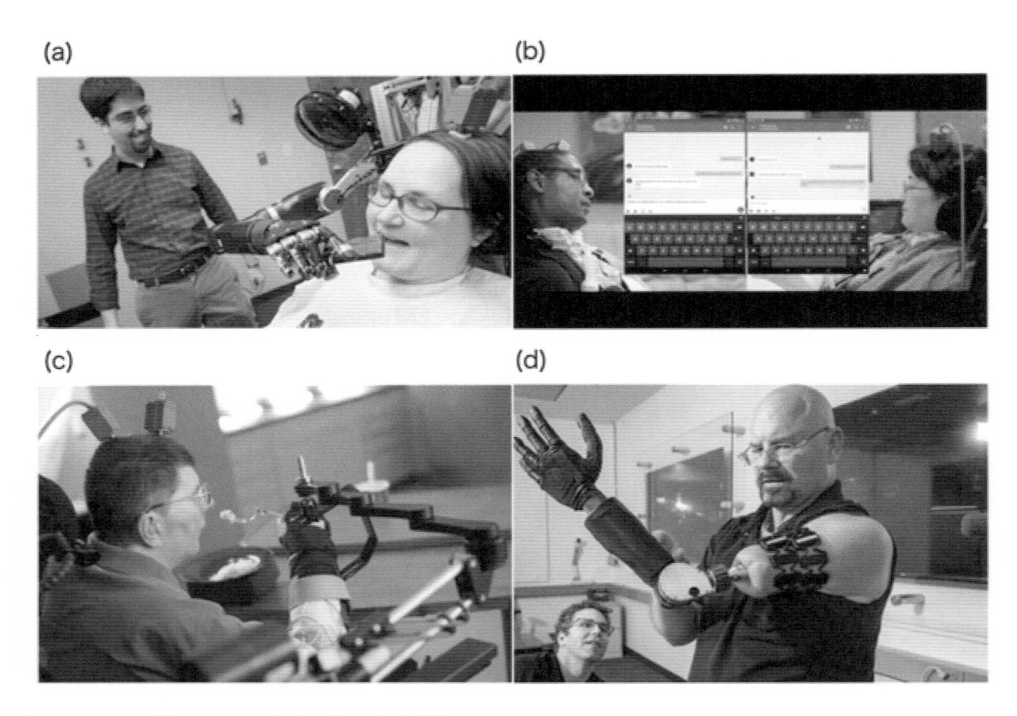

図 1　出力型 BMI のさまざまな事例

(a)米国ピッツバーグ大学の事例。脊髄損傷によって首から下が麻痺している患者が、BMI を使ってロボットアームを操作し、チョコレートを食べている。(b) 米国ブラウン大学の事例。脊髄損傷患者が BMI を使ってタブレット PC を操作し、Twitter を使って会話している。(c) 米国ケースウェスタン大学、クリーブランド FES センター、ブラウン大学からなる合同研究チームの事例。脊髄損傷患者の大脳皮質から上肢運動情報を読み出し、麻痺している腕の皮下に埋め込んだワイヤ状の電極を通じて麻痺筋に電気刺激を与え、自分の意思で自らの筋肉を収縮させて腕を動かし、食事をしている。(d) ジョンスホプキンス大学の事例。脳で作られた運動シグナルが切断された腕先の筋肉まで送達されてきたところをキャッチして、ロボットアームを制御している。

"出力型"BMI"では、こうした埋植型（侵襲）だけでなく、ウェアラブル型（非侵襲）のものも登場している。ウェアラブル型の主流は、頭皮脳波とよばれる電気的なシグナルを、髪の毛をかき分けた頭皮の上から記録するタイプのものである。脳のなかにある神経細胞が活動するときに発生する電位は、頭蓋骨による電気的な遮蔽と、頭皮までの距離による減衰を受けるものの、10^6～10^7 個ほどの数の神経細胞が一斉に同期して活動したときのシグナルは、頭皮の上からでも検出することができる。頭皮脳波

は、こうした神経細胞集団の活動の、ごく一側面をとらえている。
幸いにして脳は、情報のやりとりの多くを、神経活動の同期・非同期によっておこなっている。そのため、頭皮脳波のような制約のある脳活動記録を使ったとしても、いろいろな BMI アプリケーションを作ることができる。医療応用として最も進んでいるものに、神経リハビリテーションがある。脳卒中によって脳の中の神経回路にダメージが残ると、多くの場合、片麻痺とよばれる運動障害が発生する。片麻痺が重症の場合、回復はみこめないが、BMI を使って脳内に残る神経回路の活動状態を PC 画面に出力し、患者本人にその状態を見せると、患者は自分で脳の使い方を学習できるようになり、脳からの運動シグナルを一定程度、麻痺した体に送達できるようになってくる。BMI による訓練の開始から、2〜4 週間ほどで、BMI を外した状態でも、治療として意味のある程度まで麻痺が回復する。脳卒中治療としての BMI の効果は、全世界で精力的に検証が進められ、良好な結果が報告されたことから、2021 年に刊行された脳卒中治療ガイドライン 2021（日本脳卒中学会編）のなかで、その有効性が収載され、一般の治療として BMI を使うことが推奨されるようになった。
このほか、頭皮脳波を使ったウェアラブル型（非侵襲）の"出力型"BMI としては、健常成人を対象として、運動の俊敏性を高める作用や、運動の正確性を高める作用、学習した運動の記憶定着を促進する作用があるとの研究報告も散見される。民生装置として販売されているウェアラブル型（非侵襲）BMI では、念じてマウスカーソルを操作するテレパシー的用途や、集中力やメディテーションの支援を謳うものも登場している。
ウェアラブル型（非侵襲）の"出力型"BMI はそのほかに、近赤外分光法とよばれる手法を使ったものも存在する。脳の神経細胞が活動するときに生じる血流の変化を、近赤外光を使って読み取るタイプのものである。2002 年には外科手術に際して、言語野関連病変の言語優位半球の同定やてんかん焦点計測を目的に検査を行われた場合について保険適用となった。また 2014 年には、うつ状態の鑑別診断補助として保険適用となった。
このほか、脳の神経細胞が活動したときに発生する微弱な磁力をとらえる方法に、脳磁図（Magnetoencephalography, MEG）がある。頭皮脳波よりも精度の高い脳計測方法であることから、BMI 研究に利用されている。MEG は、装置から発生する熱が雑音を発生させるため、これを抑えるために液体ヘリウムによる装置冷却が必須であった。最近は、計測原理に改良を加えた光ポンピング磁力計（Optically Pumped Magnetometer, OPM）が登場し、装置の小型化に貢献している。ただし、測定には磁気シールドルームが必要で、実環境での計測はいまのところできないとされている。
"出力型"BMI はこのように、医療応用が近年になって急速に進んでいるほか、健常成人を対象とした能力拡張デバイスが商品として市場に流通し始めている。健康な人を対象にした能力拡張に関しては、科学的な根拠がはっきりとしないものも散見されるが、人々の興味やニーズが高く、装置の製造コストも比較的安価なため、ビジネスとして成立可能な受容供給バランスが見え始めている。商業化は一層加速するものと思われるが、有効性や安全性に関する検証方法も同時に確立していき、消費者保護を第一に考えるべきであろう。

---- （図 2） --

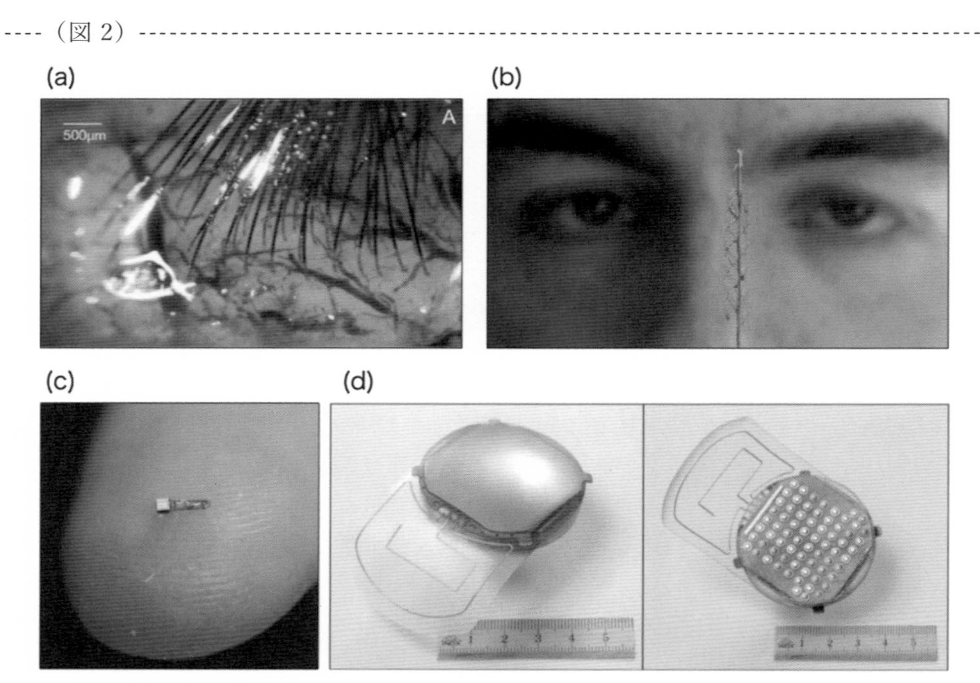

図 2 出力型 BMI で用いられている電極の例

（a）Neuralink 社の事例。細くしなやかな糸状の電極が電動ミシンのようなロボットによって脳に植え込まれる。（b）米国 Stentrode 社の事例。元々は脳血管を内側から拡張する治療のために使われていたステントに電極を溶接して、血管壁越しに脳活動を読み出す。（c）米国 Iota Biosciences 社の事例。超音波を使って給電と信号伝送を実現している。BMI のためだけでなく、生体臓器のあらゆる電気的活動を体外に送信する診断装置としての応用も期待されている。（d）仏 Clinatec（グルノーブル大学）の例。頭蓋骨の一部が装置になる。

2．研究室の研究テーマと研究内容

思念でアバターを操作する

慶應義塾大学理工学部 牛場潤一研究室では、2007 年ごろから、頭皮脳波を使ったウェアラブル型（非侵襲）の"出力"BMI について研究をおこなっている。初期の頃の代表的な研究に、「アバターを使った仮想空間内の散歩」実験がある。筋ジストロフィを患っている A さんの頭皮脳波を AI で分析し、インターネット上にある仮想空間

「Second Life」のなかのアバターを念じて操作してもらうものである。この実証実験では、新宿にあるAさん宅から20 kmほど離れた大学研究室からも、学生がSecond Lifeにログインして、実証実験に参加した。Aさんは最初、BMIの仕組みに慣れていなかったために、アバターを思い通りに操作することができなかった。しかし、繰り返しBMIを利用するうちに、BMIが要求する脳活動パターンを自分の意思で出せるようになった。普段は外出が困難なAさんが、Second Life内の広大な世界を自分の意思で散歩している様は大変印象的だった。

BMIでのアバター操作がもたらす心理

Aさんが操作するためのアバターを学生が製作する際に、どのような見た目のものにしたらよいか、本人に相談したことがあった。現実では体を思うように動かすことができないから、せめてアバターはアスリートのような体型のものがよい、ということだったので、トレーニングウェアを着せた陸上競技選手のようなアバターを作ったところ、Aさんはそれを大変喜んでくれた。実証実験では、Aさんが行き先を指定して、学生がその後ろをついていくような光景も見られた。普段は口数が少なめなAさんが饒舌になっている姿をみて、BMI、バーチャルリアリティ、アバターといった技術の統合が、さまざまな事情を抱えている人の自己実現のDX（デジタルトランスフォーメーション）を可能すると確信した。

BMIによる神経機能の訓練

Aさんが訓練を重ねるごとにBMI操作を熟達させていくことに着想を得て、牛場潤一研究室ではその後、BMIによる神経リハビリテーション研究を開始した。2011年ごろのことである。脳卒中の後に生じる運動障害は片麻痺とよばれ、特に重症例においては回復が見込めないとされている。また、特に手指のまひは治療抵抗性が高く、ロボットによる運動介助や筋肉に電気刺激を与えるといった訓練も、有効性が乏しいと言われている。しかし、脳の中の神経回路はネットワークであるため、その一部が脳卒中によって傷ついたとしても、その部分を迂回する経路を使うことができれば、システムとしての機能は損なわれないはずである。そこで、脳内の神経回路の活動状態をBMIで分析し、迂回路の活動が発生したと判断されたときだけ、ロボットによる麻痺手の運動介助と筋肉への電気刺激を自動的に与えるようにBMIを設計した（図3）。積み木を握ったり離したりする訓練を行うときに、BMIを使って脳内に残る神経回路の活動状態をPC画面に出力し、患者本人にその状態を見せると、患者は自分で脳の使い方を学習できるようになり、ロボットや電気刺激による運動サポートが脳機能の書き換えを更に促すため、患者は次第に、脳からの運動シグナルを一定程度、麻痺した体に送達できるようになってくる。BMIによる訓練の開始から2〜4週間ほどで、対象者の約70%に、随意的な筋電図の発現や筋肉のこわばり（痙性まひ）の緩和が確認された。訓練は毎日 40 分とし、土日を除いて 2 週間継続しておこなった。

---- （図 3） --

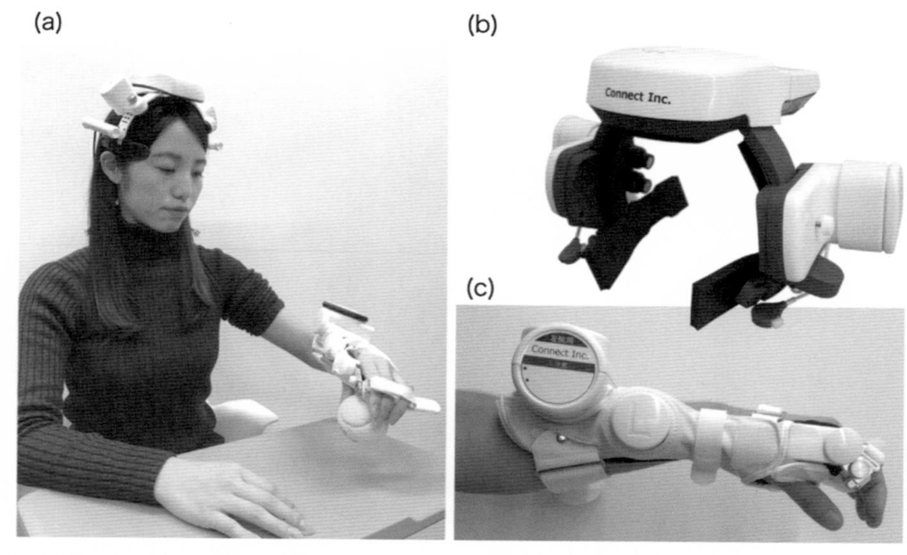

図 3 麻痺した手指の運動訓練装置としての BMI（写真の装置は、著者が創業した大学発ベンチャー（研究成果活用企業）Connect 株式会社で開発中のもの）
（a)BMI を装着している様子。(b) 脳内の神経回路の活動状態を分析するためのウェアラブル脳波計。(c)麻痺手の運動介助と筋肉への電気刺激を与えるためのロボット。

患者の脳の変化

機能的磁気共鳴画像（Functional MRI）を使って、麻痺した手をグーパーしようとしてもらっているときの脳活動を測ってみると、一次運動野や補足運動野とよばれる、体の動きを司っている脳領域の活動が大きくなっていたり（図 4; Ono et al. Brain Topography 2015)、それ以外の領域で確認されていた余計な活動が消失していたりした。一次運動野に対して外部から磁気パルスを与え、興奮性を測る経頭蓋磁気刺激法を使った研究でも、BMI の訓練後には一次運動野の興奮性が高まっていることが確認された。

BMI 医療の確立

脳卒中片麻痺に対する BMI 神経リハビリテーションの研究は、その後、全世界で 9 件のランダム化比較試験が独立に行われた。それらの結果は 2018 年までに相次いで報告された。ランダム化比較試験とは、BMI 訓練をおこなう患者群と、BMI を使わず標準訓練をおこなう患者群との間で機能回復の効果を比較するもので、訓練効果を評価する医師やセラピストは、目の前の患者がどちらの訓練群なのか知らされないようにして、研究結果に心理的な偏りが生じない工夫が施されている。このような質の高い研究の結果もおしなべて良好であった。こうした科学的検証の結果、前述の通り、日本脳卒中学会が編集する「脳卒中治療ガイドライン 2021」のなかで、BMI の治療有効性が採録されることとなった。治療ガイドラインは、全国の脳卒中治療にあたる医師が診療のなかで治療選択をする際に参考にする情報を掲載しているものである。ここに BMI の有効性が書き込まれたことは、BMI が医療として認められた証であり、研究開始から 10 年でこのような世界に到達できたことは大変感慨深かった。

----（図 4）--

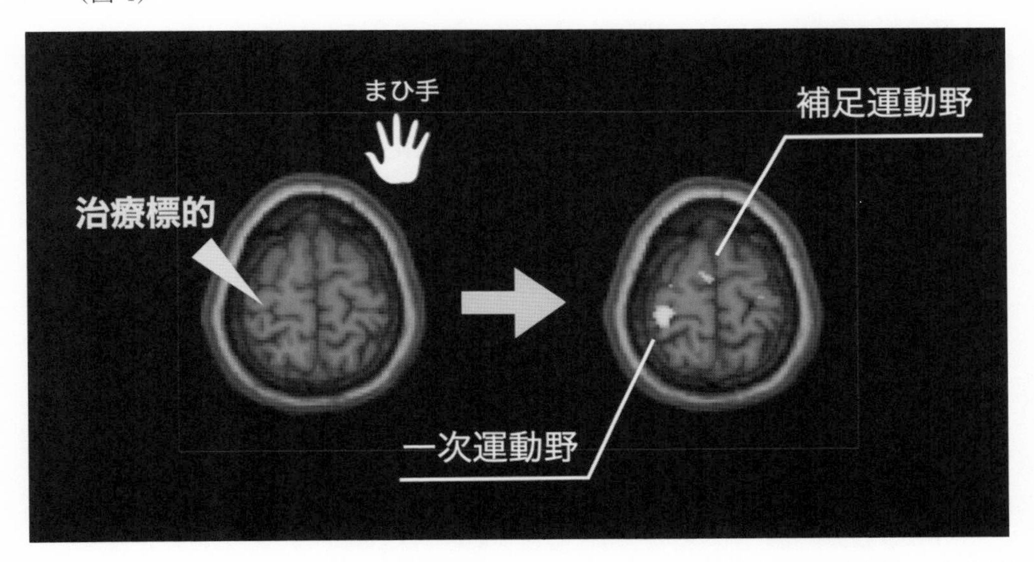

図 4 脳卒中片麻痺患者が BMI を継続的に使った結果、生じた脳内活動変化。治療標的である障害半球の一次運動野や補足運動野の活動が大きくなったことが確認された（図中右、白色部分）。

大学発ベンチャー

アカデミアでの研究開発や性能検証が一定水準に達したことから、私は大学発ベンチャー（研究成果活用企業）Connect 株式会社を創業した。2021 年 12 月現在、資本金は 1 億円、従業員は 10 名の規模で活動している。東京都から医療機器製造販売業を取得し、BMI 製品の製造品質を管理する体制を敷いて運用している。現在販売を計画している BMI 製品は、手指の運動訓練を目的とした医療機器である。大学で発明された BMI 技術の特許や、大学における産学連携活動で発明された特許について、ライセンシングを受ける契約を結び、販売に向けて製品製造と改良をおこなっている。

大学における研究の更なる挑戦

研究室では、頭部全体を129個の電極で覆い、脳波を大規模に収録するシステムを運用している。最近では、ここで得られた脳活動をAIで分析することによって、脳が体の動きをどのように調節しているのか、詳細な理解ができるようになってきた（NeuroImage 2020, J Neural Eng 2019など）。たとえば、指の曲げ伸ばしや力みといった、これまでのBMIでは読み出しが難しかった細かな手指の運動のタイプを脳波のわずかな変化から読み分けたり、運動中の力の強さを脳波から読み分けたりする技術を発表している。

人間の脳は全量の半分ほどが損なわれても、残った脳の回路が組み替わり、失われた機能が復元することがある。しかし偶発的に生じるこうした超回復や、共感覚や超人的能力の獲得が、どのような仕組みで起きるのかはまだ分かっていない。また、こうしたイベントを安全に外部から誘導する技術の開発もまだほとんどできていない。私の研究室で、脳が機能を柔軟に書き換える"可塑性"という仕組みの根本原理の探究と、その操作技術の開発を通じて、治らせないと言われてきた神経系の障害が治せる時代を作りたい。こうしたビジョンの実現には、単に科学の追求だけがあれば良いということではなく、人間の心理、医療倫理、法体系、社会システムといった周辺領域を射程にいれながら、一般社会から信頼され、受け入れられる仕組みを追求していく姿勢が必要だと考えている。

３．産官学の連携状況

BMIは、脳が機能を書き換える「可塑性」という性質を理解するための新しいツールである。しかし今まではそうしたものが世の中に存在していなかったので、まだその使い方や性能が十分に理解されたわけではないし、使ってみたいと思う科学者が簡単に手にできる状態になっているわけではない。伝統的な可塑性科学のコミュニティのなかで、BMI技術を批判的に育成しながら、理解と利用を広げていく必要がある。私はこのような課題意識から、文部科学省（MEXT）科学研究費助成事業 学術変革領域研究（A）「脳の若返りによる生涯可塑性誘導－iPlasticity－臨界期機構の解明と操作（臨界期生物学）」（狩野方伸領域代表）において、「脳卒中後の機能回復臨界期における神経回路操作」という研究テーマを2025年3月までの予定で推進している。このプロジェクトでは､脳卒中で腕や手指がまひした患者にBMIを使った運動訓練を2週間から4週間程度おこなっていただき、機能回復にともなう脳内回路の変化を観察する予定である。脳内回路の組み替えが、なぜBMIによって誘導できるのか？BMIによって変化する脳内回路は"どこ"にあり、"どんなタイプの細胞"が関与しているのか？そのような生物学的な仕組みを科学的に解明していくことで、神経幹細胞の移植や神経成長薬剤の投与などの再生医療との架橋が実現するものと考えられる。詳細は、研究プロジェクトの公式ホームページをご覧いただきたい（http://iplasticity.umin.jp/）。

BMI の脳内作用を生物学的に明らかにするプロジェクトとは別に、国立研究開発法人科学技術振興機構（JST）戦略的創造研究推進事業（CREST）「人間と情報環境の共生インタラクション基盤技術の創出と展開」領域のうちの「技能獲得メカニズムの原理解明および獲得支援システムへの展開」（小池英樹代表）では、BMI をはじめとした運動訓練支援システムを使ってヒトが技能を獲得していく過程を、脳内の情報処理の仕組みとして分析する研究を進めている。2023 年 3 月までの予定で推進している。たとえば、運動をしている時の身体の動きは通常、視覚や力覚を通じて脳にフィードバックされ、もっと滑らかな運動ができるように脳内プログラムがアップデートされるが、この学習の仕組みに BMI やバーチャルリアリティが関与して、脳へのフィードバック情報を改変するとどうなるだろうか？情報を下手にいじると学習は阻害されてしまい、技能はなかなか習得されないが、脳の学習の仕組みに沿ってタイミングよく情報を操作すると、生身の体で運動を学習するよりも効率よく技能習得できる時がある。脳が持つこのような性質の理解と、その性質を引き出すためのシステムの開発を計算の仕組みとして深める活動を、このプロジェクトではおこなっている。

BMI は、今までの医療では治せないとされてきた脳卒中後の重度片麻痺（手指）の治療を可能にする、新しい医療技術である。しかし、一般の医療従事者からすればこのような新奇な技術を、「どのようなタイプの患者に」「どれくらいの期間かけて」「どのようなゴール設定で」使っていけばよいのか、運用のしかたがイメージできるわけではない。また BMI の製品化を考えた場合、装置をどのように標準化すれば量産や改良が効率的におこなえるか、工業的な視点から検討をしなくてはいけない。私はこのような課題意識から、国立研究開発法人日本医療研究開発機構（AMED）先進的医療機器・システム等技術開発事業「先進的医療機器・システム等開発プロジェクト／脳機能再生医療を実現する診断治療パッケージのデジタル化とデータ連携による個別化治療の実現」で 2019 年 10 月から 2022 年 3 月まで代表を務め、個別性、属人性の高いリハビリテーション機器と医療の標準化を進めている。このプロジェクトのなかで、BMI を構成している脳波計、AI プログラム、運動介助ロボットの通信仕様について整理し、量産製造や別製品の開発に向けたモジュール提供が可能な仕組みを整備中である。2022 年 4 月からは、リハビリテーション情報サービスの事業化を目指す慶應義塾大学医学部リハビリテーション医学教室発のベンチャー、株式会社 INTEP が代表となってプロジェクトが継続される。

医療機器の事業化は薬と同じく有効性と安全性に関する規制を受けており、厳正な審査を経て販売に至るが、一方でプログラムや形状について継続的な改善・改良が行われ、安全性は実質同等なまま、性能や効能効果の向上が見込まれるという特性がある。現に、BMI の医療機器としての製品化活動でも、規制対応のために 2018 年時点の技術水準で、一旦、技術固定を実施して性能試験や安全試験などを進めているが、アカデミアでは各国で急速な技術改良が進み、医療有効性にも改善が年々進んでいる。過去の時点における技術固定のまま事業化を進めていては、性能の相対的な陳腐化が進行し、競争力を失っていく可能性がある。私はこのような課題意識から、国立研究開発法人 新エネルギー・産業技術総合開発機構（NEDO）シード期の研究開発型ベンチャーに対する事業化支援事業（STS）において、私が創業し代表を務めている研究成果活用企業 Connect 株式会社における BMI 医療機器の事業開発を目的として「強神経作用性ブレイン・マシン・インターフェース治療の事業開発」というテーマの研究開発を推進している。このプロジェクトでは、大学研究室でアジャイルに検討し、国際的に評価を得ている脳波の計測方法や分析方法等について、製品として耐えうる水準での技術化を進める活動をおこなっている。大学研究室は、基礎的な知見の提供元として共同研究先に位置付け、NEDO-STS および大学研究倫理委員会からの事前の内容確認と承認を受けて活動を推進している。研究期間は 2021 年度までの予定である。

BMI の中長期的な技術開発の視点としては、医療機関での管理医療機器としての利用に留まらない、一般利用、ヘルスケア利用としての可能性の開拓がある。私は、国立研究開発法人科学技術振興機構（JST）ムーンショット型研究開発事業「身体的能力と知覚能力の拡張による身体の制約からの解放」（金井良太 PM）において、「非侵襲 BMI による精神・身体状態の推定」という研究テーマを 2025 年 11 月までの予定で推進している。このプロジェクトでは、ウェアラブル型の脳波センサを開発し、頭の動きや顔の表情とともに AI 分析することで、意識や精神の状態をリアルタイムに分析する技術を開発している。脳状態を携帯電話のアプリで確認したり、病気やけがでまひした手の使い方を在宅でトレーニングしたりするテクノロジーを作りながら、それらのヘルスケア効果が実際にどの程度あるのかについて社会実験をおこなっていく予定である。日常環境は医療施設のなかよりもはるかに電磁環境が厳しく、また、専門知識のないユーザーが直接利用するというシチュエーションであることから、BMI という専門性と新奇性の高い技術を適切に利用推進していく手法の確立が大きな挑戦となっている。

こうした技術が発展した場合に、電車やカフェのあちらこちらで脳波データがクラウド接続していくような"Internet of Brains (IoB)"時代が訪れる。その際の法的整理、倫理観の変容と醸成、社会の受容と需要についても、時間差を設けずに社会学者、法学者、実務家らとの議論を進めていく計画である。詳細は、研究プロジェクトの公式ホームページをご覧いただきたい（https://brains.link/）。

４．国際交流の状況

私が所属している慶應義塾大学理工学部、大学院理工学研究科では、海外の協定校との間でダブルディグリープログラムを用意している。ダブルディグリープログラムとは、協定校との合意のもとで準備された一連のカリキュラムを修了すると、両校から同時に学位を取得できる仕組みのことで、慶應義塾大学大学院理工学研究科からは修士（工学または理学）の学位が、協定校からは工学修士相当の学位がそれぞれ取得できる。それぞれから提供される正規カリキュラムの学習に加えて、異なる文化圏での生活を経験することにより、国際化・グローバル化が進む社会の成り立ちに理解を深めることが期待される。牛場潤一研究室でもこれまでに、この仕組みを使ってフランス国立中央理工科学校パリ校、同リヨン校から留学生を受け入れてきた。こうした公式プログラムの存在は、キャリアパスの形成や留学にまつわる諸手続きの不安が緩和されることから、毎年多くの留学生の往来がある。そのほか、米国ハーバード大学の学部生が、同大学エドウィン・O・ライシャワー日本研究所のサポートを受けて夏季インターンとして研究室滞在をおこなったほか、2015 年にはイタリアのパドヴァ大学から助教（有期）を迎えて研究活動をおこなった。

私自身の国際交流としては、ドイツや米国の神経科学者、法学者、教育学者、倫理学者と BMI にまつわる倫理的課題についての論考を Science 誌に発表したほか、ドイツの研究者とともに BMI に関する解説論文を執筆した。また、BMI の医学応用を議論する学術コミュニティである Clinical BMI Society の創設にボードメンバーとして参加したほか、BMI 関係の国際論文コンペである The Annual BCI Award や MoBI Award (Mobile Brain/Body Imaging research)の審査員や審査委員長を務めた。

このような活動を経験していくなかで、国際交流を促進するために必要だと感じるポイントは次の通りである。1 つ目は、研究者個人のレピュテーション（評判）である。国際的に高い学術水準の研究を継続していることと、そのことが海外の学生の目に留まるメディアに紹介されていることが、質の高い学生を呼び込む上で何よりも大切であろう。2 つ目は、受け入れ大学から留学手続きや宿泊先の斡旋などの体系だったサポートが提供されることだろう。ここが不十分であったり、問い合わせ先が不明瞭だったりすることで、留学を断念して競合先に流れるケースは多いように感じる。

また、実際の国際交流を促進する上での重要な課題は、研究室側のメンバーの言語の問題だろう。実際の研究活動は研究室の学生たちとの交流が中心になるため、学生たちがいかに英語を使って実質的な密度の濃い研究議論ができるかが大切だと感じる。しかし現状、学生の英会話力は一般に実用不十分で、留学生の日本語会話力もまた実用不十分なため、肝心な研究力研鑽にまで至らないジレンマがある。研究交流を高いレベルでできる程度にはインフラとしての会話力を事前に身につけておかないと、内容の浅い交流に留まってしまうだろう。このことについては次の節でも言及しているので、併せてお読みいただきたい。

5．日本の先端技術力の強化に向けて

大学における先端技術力の強化に関しては、国際協調の枠組みの中で存在感を高めていくことが必要だと感じている。そこにしかないユニークな設備、独創的で野心的な挑戦に意欲のある若手・中堅・シニアが集積する人的環境があると、地理的に距離

のある日本と海外の間で研究交流が活発になると感じる。私が学生時代にデンマークオルボー大学に留学していたときは、そこにしかない独自の研究機材群の開発と、それらのテクノロジーを使い倒して生み出されるサイエンスが若手研究者を中心として活発に行われており、これに新しさや熱量を感じて多くのEU圏の研究者を惹きつけていた。その後も、国内外で医学研究や生物学研究のグループにおいて若手が次々と育っていく様子を近くで見てきたが、新しいコンセプトで設計された独自の研究手法や機材の開発と、それに基づく新しいサイエンスの生産という「テクノロジー駆動型サイエンス」を旨としている研究室は、「旧来の考え方に囚われない」という文化が強いために野心的な若手に活気があり、人が育ちやすい印象がある。

先端科学技術分野において、力の源泉は「人」と「アイディア」ではないだろうか？しかし、一人の研究者に課せられている事務的負担は年々大きくなっており、人とアイディアを生み出し、研究室外あるいは海外からこれらの研究経営資源を引っ張ってくるための時間は、どんどん削られているように感じられる。研究費申請、生命倫理審査、安全保障貿易管理、人事労務管理、研究備品管理、安全管理、学生の学習指導、アウトリーチ活動等、いずれも必要なことではあるが、これらは今のところ研究者一個人の責任で全てを担う前提の設計であり、研究室の活動規模に関して事実上の規制がかかる仕組みになっている。成長余力があり、意欲と能力がある人材に対しては、その人にしか生み出せない、あるいは引っ張ってこれない経営資源の確保に集中してもらい、そのほかの業務を組織として分担する体制整備と運用改革を推進していくことも一つではないかと思う。これは会社経営の視点では当然のことだが、アカデミアでは全体をシステムとして整理する意識やそれを企画実行する部署が存在しないことがあり、なかなか機能させづらい。たとえば、業務案件の個別性（いろいろな官庁や部署から必要に応じてその都度業務が付託され、受託側の執行体制については検討の機会が少ない)、研究者個人への依存性（付託された業務の研究室ごとの事情にあわせたローカライゼーション、契約、執行、管理、会計、報告は分業が認められておらず、その多くを一研究者が実働する必要がある)、時間が資源という視点の希薄さ（分担と権限移譲が弱いため、会議が多く時間が長い）などは、棚卸しと組織制度改善を考えてもよいのではないだろうか。

国際協調のなかで存在感を出していくためのインフラとしては、言葉の問題が大きい。研究者になる若手にとって英会話力はキャリアの死活問題であるから、国際会議で発表し、交流し、英文論文を書き、留学をして、early exposure（早期環境暴露）と on the job training（実地研修）で必死に英会話力を獲得している。しかし、そうしたキャリアを歩む予定のない学生はどうだろうか？事実上の国際言語になっている英語に対して、いまだに本能的なアレルギーがあり、学ぶことに及び腰で、話せないことへの危機感を持っていない学生は今の時代にも非常に多い。国際社会における中国語話者の存在感も近年急速に大きくなっているが、これに対する感度も低い印象がある。そのまま社会人として世の中に出てしまったら、十分な国際協調力を身につけることはできるのだろうか？大学や研究機関、あるいはそれよりもっと早期の初等、中等教育が果たせる役割はもっとあるように感じる。実務的な英会話力自体は、半年程度本気でトレーニングを積めば最低限のことはできる水準になるだろうから、教材開発そのものよりも、学ぶに至る強い動機付けを、各年齢層に多様に用意するという環境整備が良いのではないだろうか？幼少期から大学、大学院に至るまでのどこかで、本人にとって「あっ」と感じる気づきがあって、それで初めて本人の内発的動機付けが生まれ、自然と国際言語を身につけていく状況が生まれていくのはどうだろうか？ホームステイに行く、受け入れる、海外からの留学生向けの寮に入って一緒に生活する、学校の１クラス分くらいが留学生で満たされている時期があって、習慣や文化が異なる同世代の人たちと学校生活を一緒に楽しむ、海外のサマースクールに入って単位を１つ取ってくる、外資系企業のインターンを体験する…。自分の暮らしがグローバルである、という日常を一度体験してみることが大切で、そのようなインフラ構築を大学や研究機関が社会全体と協力しながら作り出せると、日本全体の国際協調力は高まるように思う。欧州や米国は、隣国が地続きであったり多民族性や多人種性が高かったりして、「自分の暮らしがグローバルである」ことが当たり前である一方、日本ではその感覚が相対的に低いので、身の回りがグローバルになることが自分の生活や人生に彩りを与えてくれる、という実感を感じられる機会の構築が必要ではないかと感じている。

Ⅱ－３　電気トモグラフィによる可視化技術

千葉大学大学院　工学研究院
研究員 川嶋大介、教授 武居昌宏

１．電気トモグラフィによる可視化技術の概要

近年の可視化技術を取り上げるにあたり、まずコンピュータ・トモグラフィ（CT）技術を紹介したいと思います。トモグラフィとは「断層撮影」すなわち、オブジェクト断面を画像化する可視化技術の総称です。CT スキャンを例に取れば想像しやすいと思いますが（CT スキャンの CT もコンピュータ・トモグラフィのことです）、CT スキャンは、X 線を人体にいろいろな角度から照射して撮影することで人体の断面画像を得られます(他と区別するため X 線 CT と呼称します)。一方、レントゲンも X 線を利用した可視化技術ですが、X 線 CT のようなオブジェクト断面画像は得られません。この２つの可視化技術の大きな違いは、この「いろいろな角度から撮影」するところにあります。レントゲンでは、一方向から X 線を照射して撮影するため、得られる画像は X 線が通過してきた経路に依存します。すなわち、骨や臓器など通過したオブジェクトすべてを投影したものが画像として反映されます。したがって、レントゲンでは断面画像は得られません。一方 X 線 CT では、「いろいろな角度から撮影」すなわち、多方向から X 線を照射してオブジェクトを投影します。1917 年オーストラリアの数学者ヨハン・ラドンにより、多方向からのオブジェクトの投影データをもとに断面画像を再構成できることが数学的に証明されており、X 線 CT はその数学定理を応用することで、骨や臓器の空間的な配置を可視化することを可能としています。今日では、X 線 CT は大きな病院であれば配備され、脳や肺、内臓の検査に使用されています。

医療分野において成功を収めてきた X 線 CT ですが、放射線を取扱う性質上、装置は大掛かりになり、コストもそれだけ高くなります。「もっと簡単に断面画像を得られないか」そんなニーズに応える可視化技術が、プロセス・トモグラフィです。プロセス・トモグラフィは経時的な場の変化を可視化することができる技術です。我々の研究室では、そのプロセス・トモグラフィの中でも、電気を利用した電気トモグラフィの研究開発を行っています。この可視化計測技術の最大のメリットは、安全かつ低コストである点にあります。電気トモグラフィでは、体組成計と同レベルの微弱な電流を利用するため、被爆することがなく、人体への悪影響はありません。また、数万円のオーダーから利用可能であるため、低コストで運用でき、日常的に連続的な断面画像を取得したいというニーズに最適な可視化技術です。

ここで、電気トモグラフィの基本原理を簡単に説明します。図１は電気トモグラフィの装置の構成例です。装置の一般的な構成は、センサとマルチプレクサ、インピー

ダンスアナライザ、そしてパソコン（PC）です。センサには複数個電極が配置されていて、それぞれマルチプレクサにつながっています。マルチプレクサはスイッチの役割を果たし、どの電極に電流を印加するか、どの電極で電圧を計測するかを切り替えるために使います。電流印加、電圧計測は、インピーダンスアナライザが行います。そして、それらを統括制御し、データ収集するためにパソコンを使用します。電気トモグラフィで断面画像を取得するためには、その複数個の電極のうち2つの電極対に電流を印加して、他の電極対で電圧を計測します。電極対を変えて、いろいろなパターンで電流印加・電圧計測を繰り返します。これが、X線CTでいうところの「いろいろな角度からの撮影」に当たります。さて、電流と電圧がわかれば、オームの法則から抵抗が計算できるので、最終的に取得したデータは「いろいろな角度から計測した抵抗値」となります。抵抗値は電流が通過した領域を投影した値です。この抵抗値からオブジェクト断面画像を再構成するのが電気トモグラフィです。このとき、オブジェクト断面画像は、導電率（またはその逆数の抵抗率）を表します。導電率とは物体が持つ電気の通しやすさを表す物質固有の特性です。

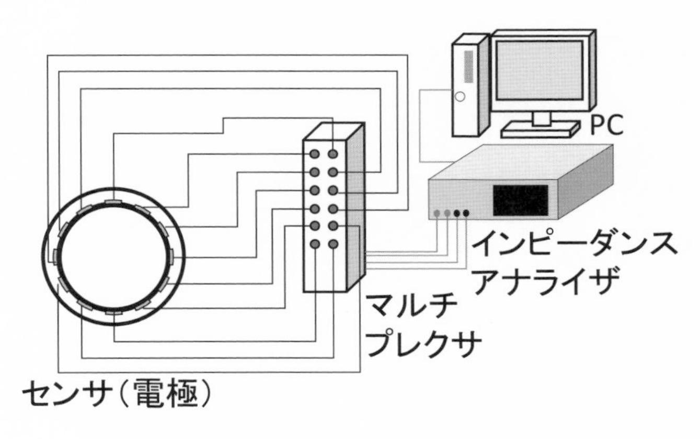

図1　電気トモグラフィの装置構成例

一例を示します。図2はヒトの四肢を想定したファントムを電気トモグラフィで可視化した例です。ファントムは、骨・脂肪(白)、筋肉（赤）を想定しています。各組織で導電率が違うことが知られていて、筋肉は導電率が高く、脂肪や骨は導電率が低いです。電気トモグラフィで可視化した断面画像を見ると、それぞれの組織でのおおよその導電率の違いがわかります。しかしながら、図2の例のように、電気トモグラフィは、X線CTと比較すると画像の空間解像度すなわち、どこまで小さいものまで可視化できるかという点において劣っています。しかし、そこまで精密な可視化を必要とせず、日常的または連続的な可視化を必要とする場合には、電気トモグラフィは最適な可視化技術となりえます。

実際、電気トモグラフィの応用分野は多岐にわたります。例えば、化学プラントの配管中の異物混入を検出したいとします。異物は、その他の物質と比べて導電率が異なれば、異物が通過した場所の導電率が変化するので、導電率変化から異物が混入した場所と時間がわかります。化学プラントなどの産業プロセスだけでなく、地質分野や食品、薬品などさまざまな可視化計測が対象となっています。また、近年、特に医療分野への応用研究が盛んに行われています。毎年開催される国際会議 International Conference on Biomedical Applications of Electrical Tomography でも、脳卒中診断や肺換気量計測への応用など実用化に向けた研究が数多く見受けられます。海外では、電気トモグラフィ技術をもとにして企業化をしている例もあります。例えば、ドイツのドレーゲル社は、電気トモグラフィを利用した肺のモニタリング装置 PulmoVista 500 を発表しています。日本での実用例はまだありませんが、電気トモグラフィの医療分野への展開は活発化しつつあります。

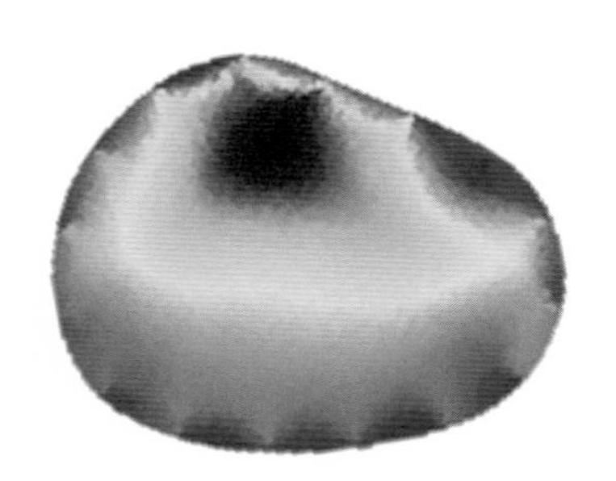

図２　ヒト膵腟ファントムを電気トモグラフィした例

２．研究室の研究テーマと研究内容

我々の研究室でも、電気トモグラフィを応用した新しい取り組みを始めています。それはリンパ浮腫の早期発見への取り組みです。乳がんの手術後、リンパ節を切除された患者は体の老廃物の循環機能が悪くなり、四肢が腫れてしまうケースがあります。この疾患をリンパ浮腫と呼びます。日本ではあまり認知されていないようですが、日本国内でも１０万人以上のリンパ浮腫患者がいるとされています。初期はほとんど目立たず、少し浮腫みがある程度で、見た目から判断することは難しいですが、重症化すると通常の四肢の２倍、３倍と腫れてしまい、日常生活に支障をきたすほどに悪化するケースもあります。重症化してしまうと、皮膚が硬化（線維化）し、改善することが困難になります。リンパ浮腫は日々進行していくため、病院での精密検査だけでは不十分です。リンパ浮腫を重症化させないためには、患者自身が日常的に検査して、早期に発見することが重要となります。また、浮腫症状のある場所を把握し、マッサージケアすることが求められます。そこで、電気トモグラフィの安全・低コストという利点が活きてきます。放射線を使わない電気トモグラフィは、医師を介す必要なく体組成計や血圧計の感覚で検査することができます。また、安価であるため患者のコスト負担も低減できます。そこに求められる技術は、X線CTのような精密な可視化技術ではなく、電気トモグラフィのような画像が粗く簡易的でも毎日使用可能な可視化技術なのです。

具体的にどうすればリンパ浮腫の検査ができるでしょうか。リンパ浮腫の機序において重要なファクターがアルブミンというたんぱく質です。アルブミンは血中に含まれるたんぱく質で、分子内で正や負に帯電しています。そのため、アルブミンは老廃物と結合し、リンパ管を通って運ばれ、体内環境を適性に保ちます。しかしながら、リンパ浮腫患者においては、このアルブミン排出が正常に機能せず、四肢に蓄積していきます。この蓄積が浮腫を誘発します。したがって、この四肢中のどこかに存在するアルブミンを検出することがリンパ浮腫の早期発見につながります。アルブミンは先のとおり帯電しているため、アルブミンの蓄積、すなわちアルブミン濃度が高くなると導電率は大きくなる傾向にあります。したがって、アルブミン濃度変化による導電性の変化を電気トモグラフィで可視化できれば、リンパ浮腫の早期発見が可能になります。

残念ながら現在の研究段階では、アルブミンの検出までは至っていません。人体にはアルブミン以外のたんぱく質やイオンなどの物質や細胞組織が含まれるため、その中から特定の物質のみを検出することが難しいためです。しかしながら、これまでに電気トモグラフィと機械学習を組み合わせることで、体内の水分移動や細胞組織を分類・画像化することに成功しており、着実に技術は進歩しています。近い将来、リンパ浮腫に限らず、乳がんや生活習慣病など様々な疾患の検査手法として電気トモグラフィが普及していくことで、病気の不安を抱えることなく、より良い暮らしにつながることを期待しています。

3．電気トモグラフィ計測技術における日本の国際競争力

電気トモグラフィ技術に関する研究が実施されている主要な国として、ヨーロッパ諸国、アメリカや中国、インドネシアなどがあげられます。特に、ヨーロッパ諸国では電気トモグラフィのパイオニアとして、現在までにさまざまな分野において電気トモグラフィ技術に関する研究開発が推進されています。特に、医療分野への貢献はめざましく、1980年頃にB. BrownとD. Barberにより医用画像としての電気トモグラフィ技術の応用が始められてから、肺や乳がん、脳の画像化に関する研究開発が盛んに行われています。機械工学や電気工学のような工学分野に限らず医療分野との連携により､臨床試験など現場に近いところで電気トモグラフィはすでに活躍しています。それらと比較すると、日本の電気トモグラフィ技術は遅れていると言わざるをえません。現在、日本で医療機器として認可された電気トモグラフィの製品はなく、臨床例もほとんどありません。残念ながら、日本国内において電気トモグラフィ技術はそれ

ほど認知されていないのが現状です。

また、ヨーロッパ諸国においては、電気トモグラフィ技術の促進を目的とした団体（TOMOCON）が設立され、研究開発や後進の教育にも力を入れています。博士課程の学生や若手の研究者を対象として、電気トモグラフィ技術の研究開発に従事してもらい、電気トモグラフィ技術に関わる人口を増やすことも兼ねて、研究を推進しています。それに対して、日本における電気トモグラフィ技術を研究する人口はヨーロッパ諸国と比較すると少なく、研究支援に対する補助や後進の教育に関する取り組みがなされているわけではありません。

電気トモグラフィ技術を日本国内に浸透させるためには、目に見える形で産業、医療に貢献しうる技術として情報の発信や産業・医療分野との連携を強化し、共同での研究開発を推進していく必要があります。今後、5 年後、10 年後と徐々に電気トモグラフィ技術を浸透させていき、広く認知されるような技術へと昇華させていくことが今後の課題です。

４．研究室における国際交流の現状と課題

現在、日本国内だけで大学研究に携わる人材の確保は難しいため、留学生の受け入れは大学研究において非常に重要です。千葉大学の武居研究室は、多数の留学生を受け入れており、国際色豊かな研究室です。研究室内の人口の半数以上が、日本人国籍を持たない外国人研究者や留学生で占めています。研究室内の公用語は英語で、研究の討論や日常会話を含めて英語での会話を基本とします。このような環境は、国際学術会議で研究発表・討論を行う際に非常に役に立ち、英語での発表や討論のハードルがなく、海外研究者との交流の一助になっています。また、博士課程修了した留学生は、母国の大学に戻り研究する人や研究室に残ってポスドクとして研究を続ける人もいます。母国に戻った後も継続的に交流を続けています。毎年講演などで母国の大学に招待してもらい、現地の研究者と研究交流を行うことで新しい研究パートナーと出会う場となることもあります。また、そこで新しい人材を確保することもあり、大学間提携を結ぶに至った例もあります。また、研究室に残ってポスドクとなる人は、より高いレベルの研究を実施する一方で、学生のサポート役となり、後進の育成にも貢献してくれています。

入れ替わりの多い大学研究の中では、質の高い人材を継続的に獲得することが課題となります。ここでいう質とは、研究を実施するのに必要な資質を指します。より具体的には、基礎学力および課題の模索・解決能力です。基礎学力については特別高いものを要求しているわけではありませんが、我々は工学系の研究室なので、大学初等数学や物理学などの工学系の学士課程中に習得すべき基礎科目に関する知識を必須としています。基礎学力に関しては、研究室に配属を希望する留学生に対して面接を実施することで、ある程度スクリーニングをしています。実際に面接を実施してみると、例えば、工学系の学生の基礎教養である初等数学のベクトル解析について質問をする

と、きちんと概念を理解して丁寧に説明する人もいれば、全く答えられない、聞いたこともないという人も多数います。もちろん、網羅的にすべて理解していることを求めるわけではありませんが、全く理解していないまま研究を進めていくのは、少なくとも工学系では難しいでしょう。ただし、近年は異分野の留学生も受け入れることもあり、必ずしもこの評価基準をものさしとするわけではありませんが、それでも最低限の知識は必要となります。

また、基礎学力はあるけれど課題の模索・解決能力が著しく乏しい留学生もいます。最初は誰でもできなくて当然ですが、どうしても言われたことしかできないという人もいます（留学生に限った話ではありませんが）。修士課程までであればなんとか修了できますが、博士課程で研究しようとする場合には、より専門的な研究・技術課題の解決が要求されるため、研究が進まず、成果が出ずに修了できなくなることは想像に難くないかと思います。もちろん、我々の教育も問われることになりますし、本人の意欲次第で良い方向に進む場合もあるので一概には言えませんが、多くの場合、トラブルになりがちです。

近年はCOVID-19の影響でビザが発行されず、留学の延期や留学を断念せざるを得ないケースが頻発しており、人材の量も確保することも難しくなっています。継続的に人材の質と量を確保できるかが、大学研究における最も重要な課題のひとつであり、日本における最先端の研究開発の推進や後進の育成の上でも重要な位置づけであると考えています。

II－4　宇宙用構造材料

（国）宇宙航空研究開発機構　宇宙科学研究所
宇宙飛翔工学研究系　教授　佐藤 英一

1．宇宙用構造材料技術の概要

現在，宇宙開発の枠組みが変わろうとしている、あるいは、ここで変わらなければ今後の宇宙開発の大きな発展は望めないという認識が生まれつつある。従来の、宇宙機関(JAXA)主導で重工メーカーが主契約者となって進めてきた宇宙開発の枠組みに、民間、特にベンチャー企業が参入しつつある。超小型衛星はすでに、大学と民間ベンチャー主導の枠組みが定着している。打ち上げロケットに関しては、海外ではすでにSpace X や Blue Origin などの民間宇宙ベンチャー企業が再利用型ロケットの開発を進めているが、我が国では遅れていて、ようやく小型衛星打ち上げ用ロケットの開発が 2020 年代の運用を目指して SPACE ONE により始まったところである。このような民間主導による活動では、特に低コスト短納期が求められ、従来の宇宙価格ではない効率的サプライチェーンの構築とともに、全く失敗を許さない高信頼性開発とは一線を画す「ほどよし信頼性工学」が提唱されている。

一方、従来型の衛星・ロケットでは、高信頼性が維持された中での低コスト化が追求されている。その一つとして、衛星のさらなる大型化、長寿命化が進められており、そのような衛星打ち上げのために打ち上げ能力に大きな幅を持つことのできる新型基幹ロケット H3 の開発が 2020 年代早々の打ち上げを目指して進行中である。ここでは、個別のコスト削減と高信頼化を両立させる技術開発が着実に進められている。

抜本的な打ち上げコストの低減のためには、ロケットの再使用化が必須でありながら、我が国ではその開発は遅々としており、ようやく再使用ロケット実験機の開発が始まったところである。その先としては、サブオービタル機の再使用飛行、H3 ロケット第 1 段の部分再使用化などが、10 年先の飛行を目指して提案されている段階である。打ち上げロケットの完全再使用化には、材料の面でも大きなブレークスルーが必要とされている。

大きな市場ではないが、我が国は着実に太陽系探査を進めていく計画で、我が国のサンプルリターン能力を世に知らしめたはやぶさ 2 をはじめ、2020 年代には SLIM、MMX などの月・惑星探査が始まる。惑星探査機では、従来の地球周回衛星とは異なった特殊な材料・技術が求められている。

ロケット・衛星構造にはすでに幅広く複合材が使われてきており、使用箇所からの個別の要求に応じ、高強度、薄板・構造安定性、耐熱性、極低温用など、各種要求に特化した進化が進んでいる。

固体ロケットのモータチャンバは、高強度鋼（マルエージング鋼）、Ti（チタン）合金から、FW-CFRP（フィラメントワインディング 炭素繊維強化複合材料）への移行がほぼ済んでいる。FW プロセスは重工メーカーの内製であったが、前述の民間主導小型ロケットでは新規参入が図られている。その一方で、FW プロセスの安定化によって構造設計における安全係数に掛ける複合材特別係数の低減が取り入れられつつあり、材料の高強度化に相当する成果が得られている。

液体ロケットにおける液体水素／液体酸素（LH2/LOX）燃料タンクは、次期基幹ロケット H3 においても従来の 2219 アルミニウム合金の溶接構造のままである。溶接はすでに FSW（摩擦攪拌接合）が採用されている。ただし、燃料タンクの複合材化は、完全再使用ロケット実現のためには必須であり、その開発が鋭意進められており、実験機でのフライトが期待されている。運用機への適用は 10 年以上先になるであろう。タンクが複合材化しても、配管やエンジンは金属のままであるので異材接合技術も必要であり、研究開発が行われている。なお、水素化社会実現のためには、高圧水素だけでなく、液体水素大型貯蔵設備、それに付随する液体水素ハンドリング技術も必要とされており、民生・宇宙産業間での活発なスピンオフ、スピンインが開始されている。

衛星構造、ロケット段間構造などでは、すでに主構造の複合材化が進んでいる。必要耐荷重に合わせた積層の最適化やプロセスの安定化による複合材特別係数の低減による軽量化が進みつつある。また、Al ハニカムに代わり、複合材ハニカムも使われつつある。ここでは表皮のより一層の薄肉化による軽量化が進められている。これら複合材によりアンテナなどの精密大型構造を構築するために、熱および経年劣化に対する構造安定性確保の研究開発が、材料・構造の面から進められている。10 年先を目指して SPS（宇宙太陽発電衛星）などの軌道上大型構造が提案されている。

一方、超高温部材として、航空・発電用エンジン分野では SiC/SiC CMC（セラミックス基複合材料）の開発が進んでいるが、宇宙分野では、打ち上げロケットのメインエンジンでは冷媒として LH_2 が使えるので SiC/SiC CMC を使用する計画はない。ただし衛星推進用スラスタに向けての開発が進められており、将来の深宇宙探査機への適用が期待されている。

エンジン周りなどでは金属製の数多くの複雑形状部品が使われているが、それらは現在削り出しや鋳造と溶接のプロセスで作られており、それらの信頼性確保とコスト削減は問題となっている。そのため、より信頼性のある定量的な非破壊検査手法の開発と、逆にプロセス管理で保証できる部分は大胆に非破壊検査を省略していくという工数低減の努力が続けられている。なお、これらの信頼性・低コスト化を抜本的に実現するプロセスとして、3D 積層造形金属部材の開発が始まっており、5 年後には一部部品の試用が始まるものと期待されている。

皮肉なことに、宇宙プロジェクトで大きな失敗が続くと材料や品質保証に注目が集まり、材料分野へ予算が集まり研究・開発が促進され、成功が長らく続くとコスト削減が図られる、という歴史が繰り返されてきている。このため宇宙用材料分野では、画期的な高性能材料の開発と適用よりも、プロセスの安定化による材料の信頼性向上、設計係数の低減による軽量化などが重要とされている。

現在、宇宙用材料のデータベースの整備が、物質・材料研究機構（NIMS）と宇宙航空研究開発機構（JAXA）の連携により継続的に進められてきている。材料規格だけでは規定しきれない細かな条件に対する材料特性が整理されつつあるとともに、溶接部や鋳造材についても、極低温や高温での高サイクル疲労などの特殊な条件におけるデータが収集され、材料自体の製造、特殊工程プロセスの信頼性向上につながっている。複合材料は、公的な規格整備が遅れているのが現状であるが、JAXA を中心として ISO 化の動きが加速化しつつあり、5 年後にはある程度の整備が進んでくるものと期待される。

複合材構造および特殊工程部材の信頼性向上には、データベース構築とともに、非破壊検査技術の高度化が必須である。NIMS、産業技術総合研究所（AIST）、JAXA の 3 機関による非破壊信頼性評価に関する研究協力が進められている。

構造の抜本的な信頼性向上のために、非破壊検査を設計段階から取り入れた統合化設計手法により、システムとしての信頼性を高めることが、H3 ロケット開発において行われている。統合化設計手法は、この先さらに高度化を進み、広く適用されていくであろう。宇宙用材料分野は材料のみならず、設計や非破壊評価などとも連携して初めて進展していくことになる。

２．宇宙科学研究所における材料研究

宇宙科学研究所では、材料学の基礎研究として、複相組織に起因する高温での不均一な力学現象について、力学的解析とその実験的検証に取り組んできた。その一方で、2000 年の M-V-4 号機打ち上げ失敗の原因究明を初めとして、衛星用超塑性成形 Ti タンクの開発、衛星推進用セラミックス製スラスタの開発、再使用実験機用極低温複合材タンクの開発等、宇宙科学プロジェクト上の材料関連の不具合及び新規開発諸問題について、その材料学的背景にも迫りつつ、携わってきている。以下ではその中の幾つかの研究について紹介する。

a)　六方晶金属の室温クリープ

衛星・探査機推進用の燃料タンクとして、我々は 1980 年代に超塑性成形による Ti 合金（主に Ti-6Al-4V 合金）製の球形および液滴形タンクを開発し、多くの科学衛星に搭載し、運用してきた。小惑星探査機「はやぶさ」において（図 1）、より設計を洗練させ薄肉軽量化を図る中で、Ti 合金が室温で顕著なクリープ現象を起こすことを発見した。さらに、この室温クリープ現象はチタンだけでなく六方晶金属に特有の新たな変形様式であることを明らかにするとともに、その変形メカニズムの研究を進めている。この研究により、「はやぶさ」の燃料タンクの軽量化に対する健全性が保証された。同時に、立方晶系のβチタンでは生じないことから、締結力緩和の恐れのないβ

チタンボルトを開発し、小型衛星「れいめい」に適用した。

図 1 超塑性成型 Ti-6Al-4V 製球形タンクを搭載した小惑星探査機「さやぶさ」の内部写真

b) セラミックスラスタ・ハイブリッドスラスタ

衛星・惑星探査機の推進用スラスタは従来ニオブ合金で作られてきたが、耐熱温度（比推力）向上と国産技術化をめざして、窒化珪素（Si_3N_4）製スラスタの開発を行ってきた。脆性セラミックス部材に対し多軸破壊統計論に基づく厳密な破壊確率の評価を行い、設計の精度を上げるとともに、フライト時のメテオロイド衝突耐性等の問題も検討し、スラスタとしての信頼性を向上させた。このセラミックスラスタは 2010 年打ち上げの金星探査機「あかつき」に搭載した（図 2)。また 2022 年度打ち上げ予定の月着陸実証機「SLIM」に月面着陸用エンジンとして搭載する。

図 2 金星探査機「あかつき」に搭載したセラミックスラスタ

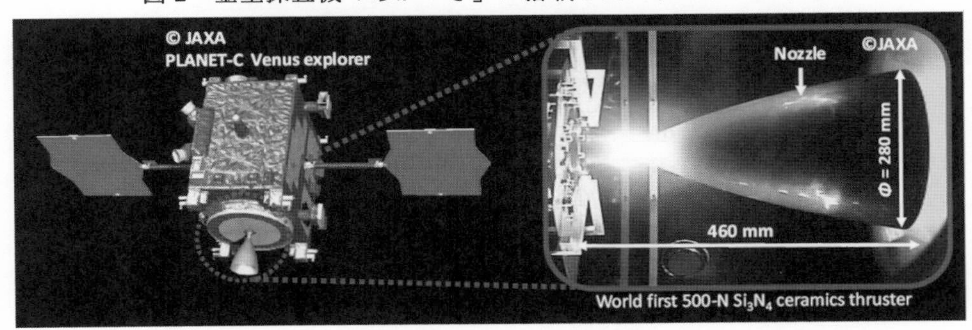

現在は、今後の惑星探査進展のためのスラスタの大型化と信頼性向上を図るため、

脆性セラミックスの使用を高温部位に限り、残りの部分は Ti 合金製とするセラミックス／金属ハイブリッドスラスタを開発している。そのキー技術は、セラミックスと金属の異材接合技術であり、熱応力緩和のための Nb 中間層を挟んだ 2 段ロウ付けを行うことで、健全な接合が得られている。

c) 極低温複合材タンク

将来輸送系では抜本的軽量化のために推進剤（LH2, LOX）タンクの複合材(CFRP)化が不可欠とされているが、マイクロクラックからの推進剤漏洩が大きな問題となっている。我々は、CFRP タンク内側にライナを配置して漏洩を防止したライナ付複合材タンクの開発を行っている。アルミニウム合金ライナ付 LH2 タンク、LCP（液晶ポリマー）ライナ付 LH2 タンク（図 3）と開発を進め、どちらも RVT（再使用ロケット実験機）に搭載してテストフライトに供した。現在は、剥離の発生を抑えるためにライナを極薄肉化した電鋳（めっき）極薄金属ライナ付 LOX タンクを開発中である。

図 3　LCP（液晶ポリマー）ライナ付 LH2 タンク

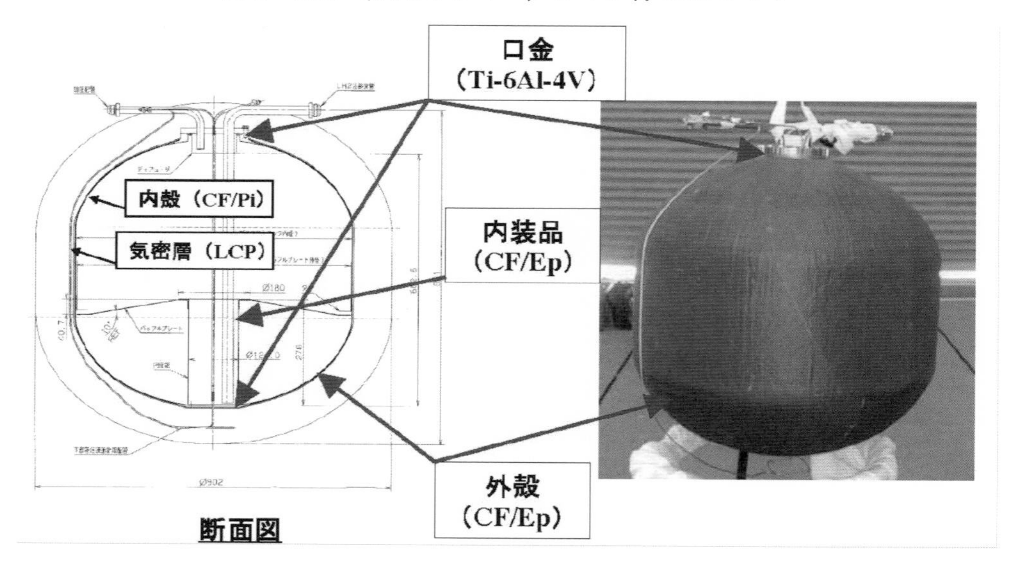

d) 信頼性向上

2000 年の M-V ロケット 4 号機は、第 1 段モーターの黒鉛製ノズルスロートインサートの脱落破損により、打ち上げを失敗した。この不具合究明において、スロートインサートへの負荷（熱入力）の再評価と破壊統計論による強度解析を行った。その結果、健全な素材であれば破壊する可能性はきわめて小さいことから、素材製造時あるいは加工時に導入された欠陥が破損の原因であろうという結論を導いた。さらに、観測ロケットのメインモータに対して黒鉛製ノズルスロートの再設計と非破壊検査手法の開発を行い、S-310 ロケット 30 号機以降に適用し、その後のフライトの成功を支えた。

黒鉛材料に対する非破壊検査は従来ほとんどなされてこなかったが、この研究開発において、あらゆる方位の面状欠陥に対する超音波探傷方法を開発した。さらにこの手法を一般化した規格として制定する作業を進め、宇宙研報告(2003)、日本非破壊検査協会規格(NDIS, 2004)、JIS 規格(2006)および ISO 規格(2011)というように、より広い公的な組織の規格として、順次制定してきた（図 4）。

図 4　黒鉛材料の超音波探傷の規格

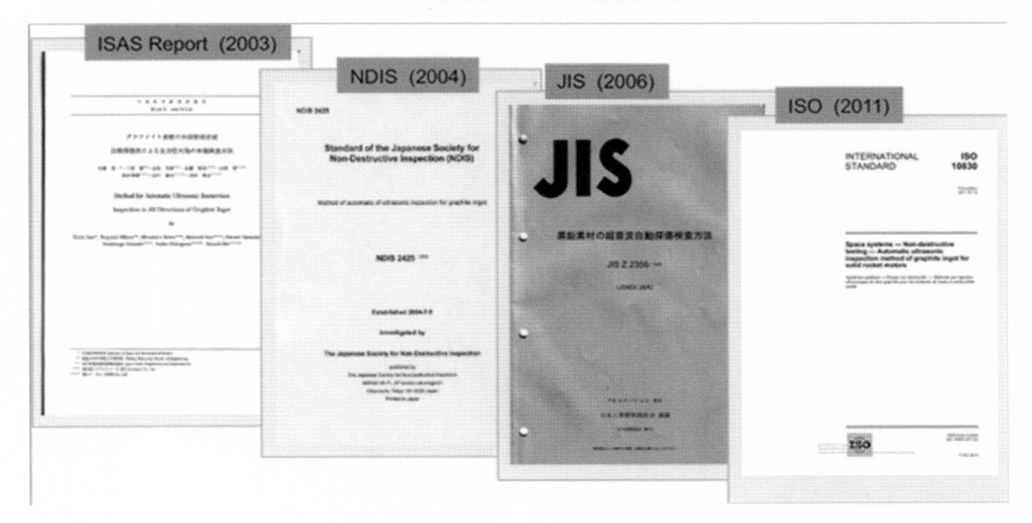

Ⅱ－5　金属積層造形技術

東北大学金属材料研究所
教授　千葉　晶彦

1．金属積層造形技術の概要と日本の国際競争力

1.1　はじめに

筆者が若い頃（1990 年代）、パソコンが行きわたり、これがインターネットというネットワークに繋がるようになると、e-mail がやりとりされるようになった。それまではFAX で十分事足りると思っていたところに、その便利さに気に付き、各所でホームページが作られるようになり、検索エンジンなどのサービスも生まれた。最初は個人の趣味レベルと思われていたものがアッという間に、新しいビジネスとなり、遂には GAFA という巨大企業を誕生させるまでに成長したことを知っている。これからは、IoT と AI の時代であると言われている。道を走る自動車が、あるいは工場に設備されている機械という機械が、全てのものがインターネットに繋がろうとしている。そうなったとき、新たなサービスやビジネスが生まれることが期待されているが、どのようなものが登場するのか、世界中の企業が模索を続けている。まだ具体的に形は見えてはいないが、そこには大きなビジネスチャンスがあることは誰も疑ってはいない。この金属積層造形技術というものは、まさにそれを推進するための一つの重要なもの作り技術と位置づけられ、筆者の研究室でも日々、そのための基礎研究を行っている。

筆者は経済の専門家ではないが、リーマンショック以降の世界経済において、世界はどうやって新しい産業（サービス）を生み出して行こうとしているのかについて考えたい。これに対するヒントは、“スマート化”という流れにあると思っている。スマートグリッド、スマートモビリティ、スマート社会など、全てのものをスマート化していこうとする流れ、方向性があり、スマート化に資する技術というものが、これからは必要になってくる。そうすると、大企業集約や大都市集約のように一つに集約していくのではなく、むしろ分散型で、協働的なもの作りというのが可能になってくると思われる。奇しくも、コロナ禍によって集まることが難しくなったとき、スマート化された職場はあまりコロナ禍の影響がなかったという話も聞く。コロナ禍に対応できる社会をつくると言うより、コロナ禍でも対応できる社会、それがスマート化された社会であろう。それにはもの作りの分野も、スマート化されたもの作りをしていく、そういう流れに新しいビジネスが誕生すると考えられる。我々が研究開発している金属積層造形技術研究にも、そうすると、製造業のスマート化に資する技術開発を強力に推進することが求められていると考えられる。

したがって、金属積層造形研究の目標は、個別材料に関する高精度な部品造形技術や、新材料開発にも重要な意義があるが、最終目標は、新サービス創生に資する金属積層造形技術の開発、そのための基礎学理を確立することである。具体的に言えば、その一つとして、デジタル製造業で必要となる製造プロセスの CPS（Cyber Physical System）構築のための、金属積層造形プロセスのデジタルツイン（アバター）を作る技術がある。そのために必要となる、合金粉末などの材料技術も特に重要である。
本章では、前半において、金属積層造形に関する概説をする。後半では金属積層造形分野での日本の国際競争力について述べる。

1.2　金属積層造形技術の概要

金属積層造形は、金属粉末の薄い層を溶かして一層一層積層して機械部品を製造する。デジタル技術を適用しやすいため、製造業に新しいパラダイムをもたらす可能性があり、製造業を始めとする様々な分野で注目されている。複雑な形状を有した高強度かつ軽量な部品を製造することが可能であり、従来のプロセスでは製造できない部品の製造に強みを発揮する[5]。金や銀などの貴金属から、ステンレス鋼、チタン、チタン合金、およびニッケル基超合金やコバルトクロム合金、その他の高機能合金まで、多くの金属合金製部品を金属積層造形技術で製造できる[6]。

金属積層造形は、軽量化と複雑な形状のデザインを有した機械部品などのコンポーネントの製造に適しており、高い比強度で航空宇宙部品を製造するための理想的な方法である。中国の Northwestern Polytechnical University は、2013 年に中国の COMAC C919 航空機の長さ 3 メートルのチタン合金部品の製造に成功し[7]、中国の金属積層造形の分野での技術力の先進性を世界にアピールした。遅れて、2015 年、連邦航空局（FAA）は、商用ジェットエンジンの最初の金属積層造形内蔵部品の認証を受けた[8]。2017 年、ボーイング 787 には金属積層造形によって製造された FAA 認証のチタン合金製の構造部品が装備された[注2)]。さらに、自動車産業においても金属積層造形は用途を拡大する兆候を見せている。例えば，金属積層造形製のアルミニウム合金部品は、吸気および排気装置の製造に使用されており、極最近、BMW では 2010 年以来、バッチ生産で 100 万個の AM 内蔵コンポーネントをこれまで生産して来ていると報告した[注3)]。フォルクスワーゲンは、ヴォルフスブルク（Wolfsburg）に金属積層造形技術のための新しい研究開発センターを設立し、一連の金属積層造形部品の生産を開始している[注4)]。

---

[5] B. Vayre, F. Vignat, and F. Villeneuve: Mechanics & Industry, 13-2(2012) 89–96.

[6] M. Javaid and A. Haleem: Alexandria Journal of Medicine, 54 (2018) 411–422.

[7] Y. Jin and J. Yu: International Journal of Research Studies in Science, Engineering and Technology, 3(2016)1-7.

[8] T. Khaled, “Rev. A ADDITIVE MANUFACTURING (AM),” 2015.

医療用部品（デバイス）に目を向けると、金属積層造形はすでに FDA 承認の脊椎および股関節インプラント製造に応用されている。金属積層造形を採用することで、インプラントの製造時間は従来のプロセスと比較して劇的に短縮された[5]。また、インプラントは、患者の解剖学的構造に従って製造するべきであり、カスタマイズ化がこれからの高度な先進的医療技術の推進に求められている。金属積層造形技術はカスタマイズ化に優れた性能を発揮するため、優れた金属系医療用デバイス製造プロセスとしてますます重要度が増すと考えられる。

金属積層造形技術の機械構造部品製造への実用化は，冒頭で述べたように，世界的には航空機分野，およびそれに関連した産業分野において進められている．この実用化の波は，自動車分野にも波及し、近い将来において製造業の主流となるもの作り技術として定着して行くものと予想される。そのような製造業の潮流において、人工関節などの整形外科用インプラント製造技術としても、金属積層造形技術は溶解、鋳造，鍛造などの既存の金属加工プロセス技術を補完代替する技術として、すます重要度が増すものと思われる。

1.3　金属積層造形技術の歴史

金属積層造形技術の起源をたどると、1971 年に米国において Johannes F Gottwald によって出願された特許、「Liquid Metal Recorder　(US3596285A)」に行き当たる。この特許は、連続射出可能なインクジェットより金属を基板上に加工物を成形できる金属材料造形装置である。流動性材料を使用してパターン通りの立体物に造形するアイデアは、現在の積層造形技術の原型とも言え、金属積層造形の概念における最初の特許と考えられている。

1982 年に米国にて Raytheon Technologies 社が取得した特許 US4323756「Method of Fabricating Articles by Sequential Deposition」では、数百から数千の金属粉末の「層」とレーザー熱源を用いた三次元造形物の製造法が提案され、これにより「層」による造形の概念が積層造形技術に取り入れることになった。1984 年に米国にて Bill Masters が世界初の積層造形に関するコンピューター制御による全自動製造システムの特許 US4665492 を出願した。また同時期にレーザー熱源による種々の積層造形法が開発され、例えば selective laser sintering、direct metal laser sintering や selective laser melting を用いた製造装置が上市され販売され始めた。2002 年にスウェーデンの Arcam 社が電子ビームを熱源とする世界で最初の金属積層造形装置の販売を開始した。

2009 年に ASTM による F42 専門委員会の発足および積層造形に関連する技術や技術用語 Additive Manufacturing や 3D Printing 等を定義した。2011 年に ISO にて積層造形に関連する製造法や評価法の規格を策定する TC261 委員会が発足し、これを受けて、日本を含めた世界各国の企業はじめとする研究機関では積層造形技術に関する大規模投資が開始した。

1.4　金属積層造形技術の分類

金属積層造形技術を大別して分類すると、合金粉末を使用するものと合金ワイヤーを使用するものに大別される。そのうち、合金粉末を使用する金属積層造形技術は多種多様な造形方式が開発されている。図１は合金粉末を使用する金属積層造形技術を造形方式別に分類して示したものである。合金粉末床（パウダーベッド）を形成して、レーザーや電子ビームを熱源としてパウダーベッドを選択溶融する方式（粉末床溶融結合方式；PBF 法）に加え、合金粉末をキャリアガスによりレーザー熱源に投入して溶融堆積させる方式（指向性エネルギー堆積法；DED 法）があり、それぞれ複雑形状部品造形や、大型構造部材造形などに用いられている。

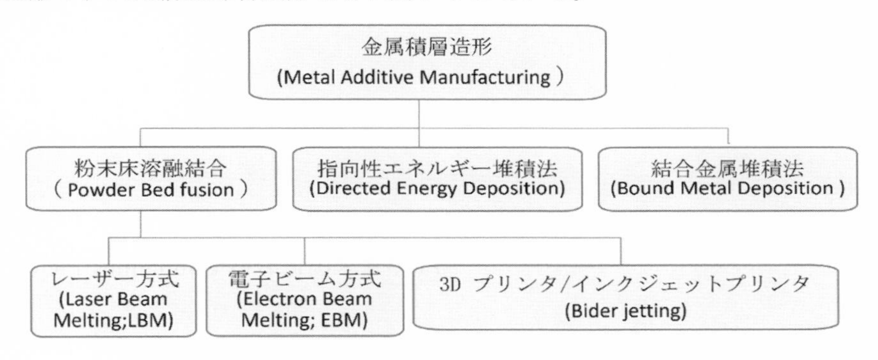

図１ 合金粉末を使用する金属積層造形の各種造形方式

a）粉末床溶融結合 Powder bed fusion（PBF）

粉末床形成と熱源走査を繰り返すことで造形を行う方法である。この技術は、熱源（レーザーや電子ビーム）とステージ、リコーター、そして粉末ホッパーで構成され、粉末ホッパーから供給された粉末をリコーターでステージに敷きつめ、粉末床を形成する。その上を熱源が選択的に走査することで合金粉末を急速溶融凝固させる。最後はステージを一層分下げ、また粉末床形成と走査を繰り返すことで造形する。
具体的な特徴としては、微粉（10-100μm）を溶融凝固させるため、精密な造形が期待できる。特に、コンピューターベースの３次元的なデジタルモデルの溶融凝固シミュレーションを実造形時にリアルタイムで実施し、その結果をリアルタイムでフィードバックさせることで、造形物の造形精度や欠陥形成挙動および組織制御技術の可能性が期待されている。

b) 3D プリンター/インクジェットプリンター（結合剤噴射 Binder Jetting）

該当箇所の原料粉末に結合剤を噴出し、そして熱処理による脱脂効果で造形する方法である。この技術は、熱源とインクジェット、ステージそして熱処理炉で構成され、インクジェットから原料に結合剤を選択的に噴出し、そして熱処理炉にて熱処理脱脂することで造形を行う。この手法は現状最も量産が可能と期待されている。

c）指向性エネルギー堆積（Directed Energy Deposition：DED）法

該当箇所に対して原料粉末（ワイヤー）放出と同時に熱源による溶融を行うことで造形する方法である。この技術は、熱源とフィーダーとステージで構成され、熱源により該当箇所を溶融し、フィーダーから原料を溶融池に堆積することで造形を行う。原料を溶融地に導入するため高速に造形が可能で、材料によっては大気中の造形も可能である。問題点には、造形位置を機械的に制御するため精密な造形に不向きな面があげられる。この手法は現状最も高速造形が可能なプロセスと考えられている。

d）結合金属堆積法（材料押出 Material Extrusion）（Bound Metal Deposition；BMD）

合金粉末をバインダーとなる熱可塑性樹脂と混錬させてフィラメントを作製し、このフィラメントから熱溶解積層（FDM）方式の要領でグリーン体を成形し、これを金属射出成型（MIM）法と同様の手法で焼結体を作製する方式（結合金属堆積法；BMD）がある。

原料入り熱可塑性樹脂を該当箇所にて加熱とともに押出成形し、その後熱処理による樹脂成分を脱脂し、焼結により造形する方法である。

この技術は、熱源とフィーダー、ステージそして熱処理炉で構成され、フィーダーから原料入り熱可塑性樹脂を加熱しながらステージに押出し成形する。そして成形物を熱処理炉にて熱処理脱脂することで造形を行う。問題点は、造形前後で体積変化が著しく、予め変化割合を考慮しないといけないことがあげられる。この手法は現状最も安価に造形が可能な方法と考えられている。

PBF 方式と DED 方式は、金属粉末を融点以上の温度に昇温させて溶融させる造形方式であるのに対して、ME（BMD）方式で合金粉末は溶融させずに固相拡散の原理により造形物を製造する、広義の焼結技術の発展型と言えるものである。PBF 方式のうち、3D プリンター・インクジェットプリンター方式は，バインダージェット方式であり合金粉末の焼結が基本となるプロセスである。一方、レーザーや電子ビーム方式、DED 方式は合金粉末の溶融凝固プロセスが基本であり、造形プロセスを定量的に理解するためには金属の溶接技術で確立されてきた学術・技術体系が役立ち、その基本となる考え方は凝固学の理論体系から導かれる。伝統的な粉末冶金学の基本学理である焼結理論のみでは理解が不十分であり興味が尽きない新しい粉末冶金学の分野として今後の発展が期待される。

1.5　金属積層造形技術の具体例－電子ビーム積層造形プロセスの紹介

以下に金属積層造形技術の一例として、PBF タイプの電子ビーム方式での金属積層造形（PBF-EBAM）のプロセスについて概説する。

電子ビーム積層造形技術は、三次元 CAD データに基づく電子ビーム走査により、50～100 μm 程度の厚さに敷き詰めた金属粉末床（パウダーベッド）を選択的に溶融・凝固させた層を繰り返し積層させて三次元構造体を製作する（図 2)。この方法は切削加工工程を大幅に省略できるとともに、金型や治工具等も必要としないことから、材料ロスやエネルギー消費を大幅に削減できる省エネプロセスである。本法は高精度な積層造形加工技術として航空機部品や人工関節などの医療用製品の製造技術として広く普及している。

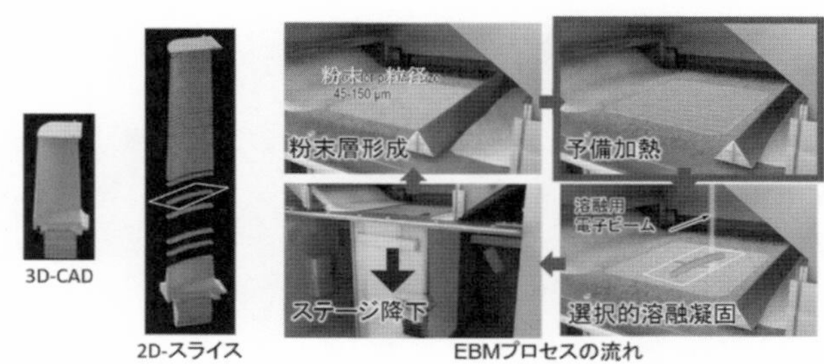

図 2 PBF-EBAM の 1 層分の造形プロセスと未溶融粉末回収プロセス

図 3 に当研究室所有の Arcam A2X 装置を用いて製造したコバルトクロム（Co-28Cr-6Mo 系）合金製人工膝関節モデルを示す。図 2(a)は造形ままの外観を示したものである。造形ままの表面はざらざらと粗く金属光沢がない。一方、研磨（バレル研磨＋エメリーおよびバフ研磨）後（図 3(b)）の造形物表面は金属光沢を発しており、目視では鋳造品にしばしば形成されるピンホールなどの造形欠陥が認められない。このように、PBF-EBAM は造形ままでは表面が粗く、表面粗度の精密化には造形後に研磨などの後加工が必要であり、今後この点において PBF-EBAM 装置の一層の高度化が期待される。

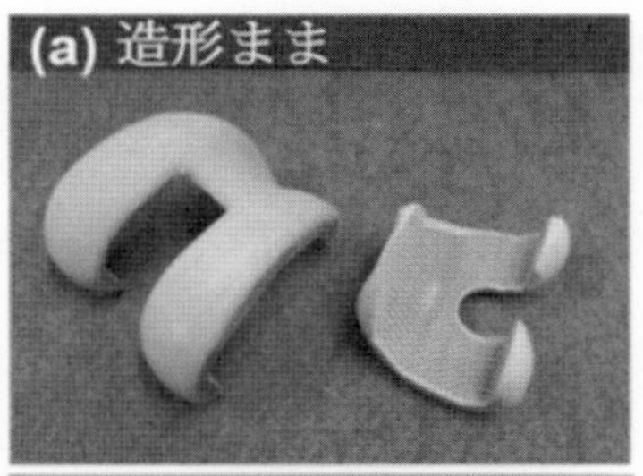

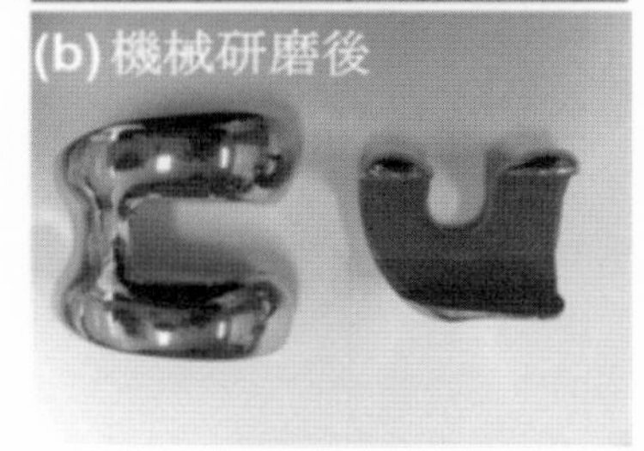

図 3.　PBF-EBAM により作製された Co-Cr-Mo 合金製人工膝関節

図 2 に PBF-EBAM 技術の一層分のプロセス（①粉末床形成→②予備加熱→③選択的溶融→④ステップダウン）を模式的に示す。

以下、各プロセスの特徴についてまとめる。

a. 粉末床形成プロセス：未溶融欠陥などを作らない造形を行うための最も基本となる

プロセスである。そのためには使用する金属粉末の形状は真球に近いもので、かつ粉末表面にサテライト（小径粉末）付着の無い物が求められる。サテライトを有する（表面構造が複雑かつ）異形状粉末は流動性が低下するため、粉末床（パウダーベッド）に局所的に粉末欠損部が生じやすく、パウダーベッドの層厚が一定せず溶融池（メルトプール）も安定に形成されないことから、凝固欠陥形成の原因となる。また真球の粉末に比べて熱放射率が大きくなり、一定値を持たなくなるため電子ビーム照射によるパウダーベッドのエネルギー吸収効率の低下の原因となったり、パウダーベッドの形成や電子ビーム照射によるパウダーベッドの溶融挙動などのシミュレーションが困難となり、金属積層造形技術の CPS（デジタルツイン）の構築の障害となる。

b.予備加熱と選択的溶融　：PBF-EBAM ではパウダーベッドの溶融プロセスの前にパウダーベッドの予備加熱を行なうホットプロセス（hot process）が基本である。これは、電子ビームを加熱されていないパウダーベッドに照射すると粉末が溶融する前に飛散して煙状に舞い上がり（これを“スモーク”と呼んでいる)、パウダーベッドが消失して正常な造形ができなくなるためである。電子ビーム照射により金属は溶融するものと思われているが、これは“バルク”金属でのみ成り立つ現象である。金属粉末の場合は個々の金属粉末粒子表面に電気的には絶縁体（誘電体）として振る舞う酸化被膜が形成されており、個々の粉末間の電気的接触は絶たれている。加えて、表面酸化被膜は誘電体として電荷を蓄えるコンデンサ（キャパシタ）の働きをするため、電子ビームを室温で（電気抵抗が高い状態の）パウダーベットに照射すると、粉末粒子間の電子の移動は阻害され個々の粉末粒子は表面酸化被膜のキャパシタ効果によって負に帯電し、粉末同士がクーロン斥力により煙状に“飛散”する。これがスモークの起こるメカニズムと考えられる。このため、PBF-EBM プロセスではパウダーベッドの個々の粉末表面の酸化被膜の電気抵抗が金属的な値になる温度まで加熱する必要がある。予備加熱温度は金属粉末によって異なるが、おおよそ 600～1100℃の間で予備加熱が行なわれ、その後、溶融プロセスに移ることができる。

c.未溶融粉末回収プロセス：PBF-EBAM では上述したように予備加熱温度に保持されたまま造形が行われるため、未溶融部の粉末が電子ビーム照射による熱エネルギーによって弱く結合（仮焼結に近い状態）する。図 2 に示すように造形が終了すると造形物は固まったパウダー（パウダーケーキと呼ばれる）に埋もれたまま取り出される。仮焼結に近い状態のパウダーケーキは、サンドブラストの要領で、圧縮空気を用いて造形物の原料粉末をブラスト粒子として高速で吹き付けることで完全に粉砕され、原料粉末の状態に戻すことができる。しかし、予備加熱温度が高すぎると造形中に個々の粉末の接触部が部分的に溶融して強固な結合部が形成され、上述したブラスト処理によるパウダーベッドの粉砕が困難となり、原料粉末の状態に戻すことができなくなる。このような場合は、粉末の再利用ができなくなるだけではなく、造形物と未溶融粉末との分離ができなくなるため造形が失敗に終わる。

ホットプロセスは、予備加熱により造形中に発生する熱応力による残留ひずみが少なくなるため、造形物の反り・変形、内部き裂の発生が抑制される。このため、PBF-EBAM ではサポート数を最小限に抑えることが可能となる。このように、予備加熱は造形物の材質や形状制御の際に利点として効果を発揮し、金属間化合物のような延性に乏しい材料の造形にはホットプロセスを採用する PBF-EBAM が有利となる。

d. スモーク：図 4 は予備加熱をしていないパウダーベッドに電子ビームを照射してスモークが発生する様子を撮影した動画のスナップショットである。スモークが発生する直前（図 4(a)）と直後（図 4(b) および図 4(c)）のパウダーベッド表面を示している。SUS304 製のベースプレートに敷かれた 100 μm 厚さのパウダーベッドが煙上に飛散する様子がわか（図 4(b)）。これは，EB を加熱無し（室温）のパウダーベットに照射すると、個々の粉末粒子は負に帯電し、粉末同士が静電気力（クーロン斥力）により煙状に"飛散"する現象であると考えられる。実用的には，このスモークを回避する方法としてパウダーベッドを加熱する手法が採用されている。金属合金種によるが、実用的なチタン合金で 700℃以上、ニッケル基の耐熱合金で 1050℃程度に予備加熱することでスモークを回避できることが経験的に知られており、現在の PBF-EBAM 装置ではこのようなパウダーベッドの予備加熱によるスモークの発生を回避する手法が一般的となっている。

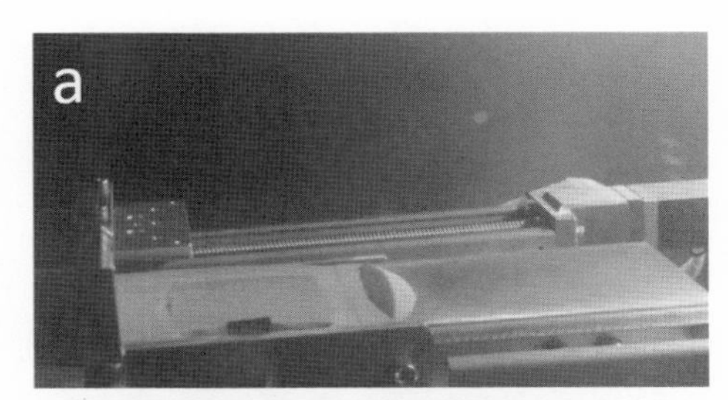

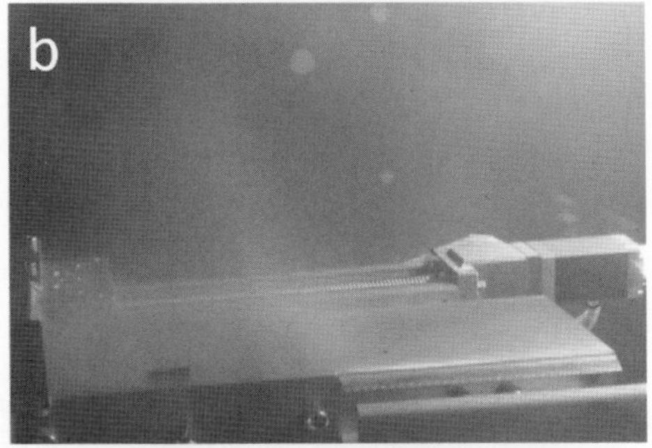

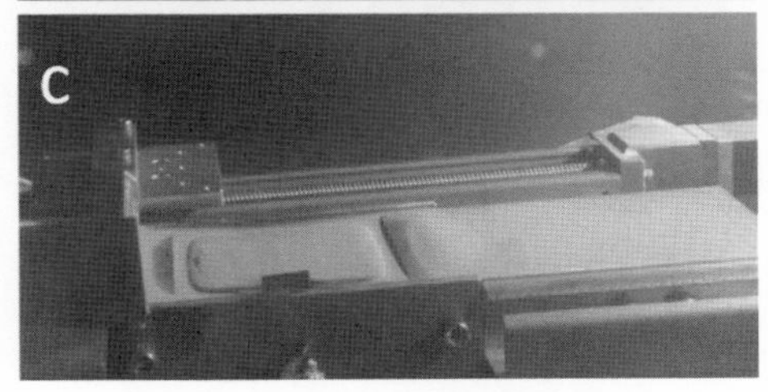

図 4 PBF-EBAM 装置の予備加熱していないパウダーベッドに EB 照射する直前(a)，直後(b)(c)の写真。EB 照射徳碁にスモークが発生する(b)様子が観察される。

1.6　「デジタル製造業」の実現に必要な金属積層造形技術と日本の立ち位置

製造業は世界的に生産コストの安い国外生産から国内生産に回帰してきているという。世界の工場としてこの四半世紀にわたって君臨してきた中国での製造コストが上昇傾向にある。加えて、その生産能力が、低付加価値製品から高付加価値製品へと拡大してきた。このため、先進国においても自国の産業基盤の保護、雇用の確保などの観点から国外生産から国内生産に切り替えて、製造プロセスのグローバル化、高付加価値製造のためのもの作り技術（先進製造技術）をこれまで以上に重視する政策をとり始めている。最近にわかに顕在化してきた「米中対立」もこの動きに拍車をかけている。
デジタル通信技術の世界一の先進国であるアメリカは、情報通信技術を駆使して国内の製造業の再生を国策として推進している。その基本戦略は、物のインターネット（IoT）を基調とする「デジタル製造技術」の確立である。製造業は、素形材技術、すなわち、溶解・鋳造、鍛造、粉末冶金、切削加工、溶接・接合技術などの多くの加工プロセスを包含しており、職人の匠の技に依存する部分が多く存在する。一朝一夕に製造業を国内に回帰させ、経済の再生に役立てるという戦略は至難の業であるといえよう。

このような文脈において金属積層造形技術について考えてみたい。上述したように、金属積層造形技術は、製造部品の３次元の CAD データがあれば金型なしで、どのようなデザインでも制約がなく成型ができるネットシェイピング技術であり、同時に金属合金部品の高強度化にとって必須な金属組織制御の可能な加工プロセスである。前者についてはよく知られているが、後者の機能を持つことはほとんど知られていない。金属積層造形技術の基本は、素形材生産の基本と同様に溶融凝固プロセスである。しかし、金属積層造形では、CAD デザインに基づく一層一層の数百μm規模の局所領域（メルトプール）の選択的な溶融凝固プロセスであり、メルトプールの溶融凝固現象を高精度に制御して積み上げる技術（インクリメンタルキャスティング）であると言える。一度に大量に溶融金属を製造して、大型の鋳塊を得る従来の金属生産プロセスとはこの点が決定的に異なる。最新のモニタリング技術や制御技術を駆使することにより、上述したように、メルトプールの凝固の際に発生する欠陥や微細結晶組織までをも制御して、IoT や AI を駆使したデジタル技術によって各種の素形材製品や機械部品を自由な形状デザインにネットシェイプで生産する新規なデジタル加工プロセスとして進化させることが可能である。熱源（電子ビーム・レーザービーム）の条件（エネルギー密度、走査速度、走査間隔など）や熱源の走査パターンなどを熱流動や凝固学的な知見に基づいて最適化することで、金属積層造形技術は、複雑な冶金学的なプロセス、例えば、組織微細化や偏析除去、さらに単結晶製造プロセスとしても機能する。したがって、金属積層造形技術は、溶解・鋳造、鍛造、切削加工、溶接・接合技術などの機能を備えた新奇な加工プロセスであると考えられ、しかもプロセスそのものはデジタル化が可能であり、金属積層造形プロセスのデジタル表現、すなわちデジタルツインの構築が可能な製造プロセスである。

以上の理由により、金属積層技術は先進各国が目標とする未来の製造技術である「デジタル製造業」、「考える（スマート）工場」を実現するうえでの革新的なキーテクノロジーとして位置付けられている。オバマ大統領は 2013 年２月の一般教書演説のなかで、3D プリンターに言及し、３つの製造業ハブを立ち上げて積層造形に焦点を当てると宣言をした。大統領は議会に対して、「こうしたハブを 15 箇所」作り、アメリカが「新しい仕事と製造業を取り戻す」よう注力することを宣言した。このハブを設けることで、新しいハイテク産業の雇用が生まれるという。アメリカの製造業再生プランでは、以上の様に、上述した金属積層造形技術の革新性に注目し、より進化させて IoT につなげることにより、製造業そのものを最新の情報通信技術のプラットホーム上で行う「先進製造業：デジタル製造業」の創生を目指している。高度な金属積層造形技術開発と普及がアメリカの製造業再生にとって国策上重要なイノベーション戦略とみなされている理由がここにあると考えられる。

日本の製造業にとっての金属積層造形技術の位置づけ

日本では、一部の製造業の分野（例えば航空機産業）を除いては、金属積層造形技術については慎重な姿勢を崩していない。それには明確な理由がある。金属積層造形技術は、例えばトポロジー最適化など、構造最適化された複雑デザインの部品造形であれば低コスト化などの効果を発揮する。しかし、既存のものと同じデザインの部品に金属積層造形技術を適用して製造すれば、高コストになり、敢えて金属積層造形技術を適用する利点が見出せない。日本が伝統的に強いとされる素形材技術（即ち、精密鋳造、塑性加工、機械加工、粉末冶金技術など）と比較し、もの作り視点で金属積層造形技術を考えると、金属積層造形技術はコストが高く、形状精度に劣っており、まだまだ製造業のもの作りの主流とはなり得ないというのが日本の製造業の大勢である。今後の金属積層造形技術の発展を待つべきなのだろうか。しかし、上述したように、金属積層造形技術は未来の「デジタル製造業」の発展に不可欠な技術として、アメリカをはじめとする先進国が研究開発投資を行っている。何もせずに技術の進展を待っていることは得策とは考えられない状況である。日本の製造業としても、「デジタル製造業」に必要な先進技術として、戦略的に金属積層造形技術を敢えて適用するもの作りを推進するべきであると考える。

金属積層造形のサービスビューローとして 25 年の長きにわたって 3D プリンターの出力ビジネスを行っているドイツの FIT では、既存製品と同じモデルの造形を行うのではなく、3D プリンターでしか製造できない最適化されたデザインの製品の造形を行うことが 3D プリンターでのビジネス展開をするうえで重要であると主張する。ASTM や ISO が定義した積層造形に関連する技術用語は Additive Manufacturing(AM) であるが、FIT では AM とデザインは一体であることを強調するために、敢えて “Additive Design and Manufacturing“（ADM）と呼び、常に“デザイン”を意識して金属積層造形のビジネスを展開している。25 年以上にわたって AM の分野でビジネスを展開できる秘訣はこの ADM のコンセプトにあることを示唆していると考えられる。極最近、DfAM（Design for Additive Manufacturing）という AM のメリットを最大限に活かすための設計ガイドライン・ツールが提案されている。トポロジー最適化、ジェネレーティブ・デザイン、部品統合、ラティス構造などの最適化設計法を積極的に AM 部品に取り入れることにより、AM のメリットを最大化することができる。この

FIT の実施する ADM や DfAM のコンセプトを推進するためには DfAM 人材の育成などにも取り組む必要があるため、中国を含めた欧米各国ではこのような DfAM 人材育成に早々と国策として取り組んでいる。

翻って日本の製造業に金属積層造形技術を根付かせるためには、金属積層造形技術に対する国の研究開発投資も当然必要であろうが、ADM や DfAM のコンセプトに学び、日本独自にアレンジして進化させ、日本版 ADM&DfAM として普及させられる取り組みを、国策として強力に推進して行くべきではないか。課題は明確化されているように思える。

今後のトレンドとして、金属積層造形技術はアメリカやヨーロッパの先進国が目指す「先進製造技術：デジタル製造業」にとってコアとなるもの作り技術として発展することは間違いない。我が国の製造業が、情報通信技術のプラットホームによって支配するもの作りを目指すアメリカの後追いをすることなく、従来の日本の強みを発揮できる製造業として発展させられるのかどうか、日本のもの作り技術開発の戦略が問われている。

1.7　金属積層造形技術研究分野での日本の国際競争力

a）「日本の科学技術立国」と工学系"大学院問題"

科学技術を育成して国を発展、繁栄させる「科学技術立国」を日本は国策として標榜してきたはずである。ところが、日本の研究開発費は 2000 年以降、ほとんど増えていない。対照的に中国はこの間「科学技術強国」の建設を掲げて莫大な研究開発資金をつぎ込み、超大国・アメリカに迫ろうとする勢いである。大変なことになっている。その研究開発費の国別推移を図 5 に示す。日本は 18.4 兆円と、この 30 年はほぼ横ばいであるが、アメリカは少しずつ増えていて 2016 年では 51 兆円、中国は大幅に増えて 45.2 兆円と日本の 2.5 倍になっている。この現状について人口比から考えれば、たいしたことではないという楽観的な考え方がこれまで支配してきたようである。しかし、中国の研究論文の引用数は、2006 年までの 3 年間の平均では世界で 5 位だったのが、2016 年までの 3 年間では 2 位に上昇。同じ時期に 4 位から 9 位に下がった日本とはまさに対照的である。科学技術立国を標榜しながら、科学研究費の抑制政策を布いて来た日本は、科学技術論文の生産能力、それを担う科学技術人材の育成の側面においても盤石とは到底言い難い現実にも目を向けなければいけない。

b）国際交流の状況：大学院教育：留学生の受け入れを通して見えるもの

ここで、科学技術人材の育成の場である工学系大学院教育について、筆者が現実の教育研究現場において実感している問題意識について述べたい。論文の生産という意味では博士課程後期（いわゆるドクターコース）の院生が非常に重要になる。博士課程の院生として、研究力を養うためには、たくさん実験をして、良い論文をたくさん書く。その結果、研究成果が実用化されることもある。また、研究室の研究成果としてもこのような優秀で“ハングリー”なドクターコースの院生の存在は研究室の大黒柱であり、研究力の源泉といって良い。筆者の研究室の場合、その担い手のほとんどが外国人である。日本人の学生は修士課程に多く進学するが、ドクターコースにはほとんど進学しない。この傾向はますます強くなってきているが、20 年以上も前からの全国的な問題でありながら、深刻な問題として議論されることなく看過されて来た“大学院問題”である。

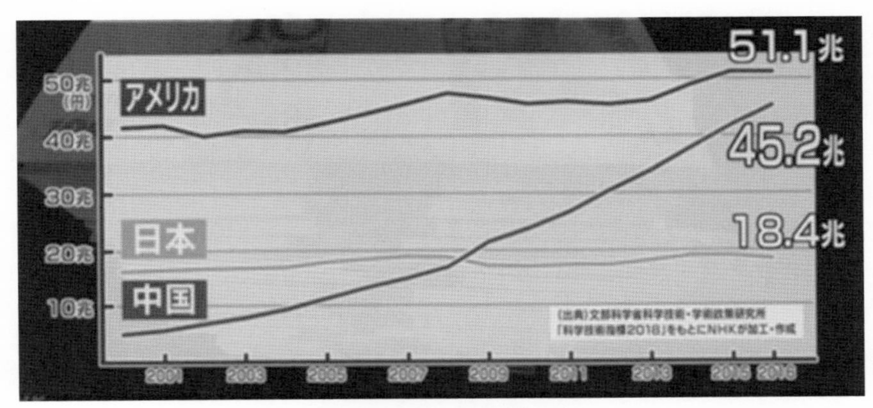

図 5 研究開発費の推移
(“科学技術強国”中国の躍進と日本の厳しい現実｜まるわかり
ノーベル賞２０１８｜NHK NEWS WEB)

“大学院問題”が如何に深刻であるか、筆者の研究室を例にして問題提起をしたい。2012～2018 年の 7 年間において、筆者の研究室では、32 名が修士課程に進学し修了した。うち 8 名が外国人であり 75%が日本人ということになる。しかし、ドクターコース進学者となると状況は一変する。前述と同じ期間のドクターコースの博士学位の取得者は 25 名であった。そのうち 21 名が外国人（うち 15 名が中国からの留学生）で、日本人は 4 名（うち 2 名は企業からの社会人コースへの入学者）であった。ドクターの博士取得者の場合は、16%が日本人であり、84%が外国人である。圧倒的に外国からの留学生が多く、筆者の研究室は実質的に外国人の科学人材養成機関となっている。ドクターコースの院生は国際誌へ発表する論文の担い手であることを考えると、筆者の研究室の研究力は、外国人が担っているとも言えなくもない。しかも 21 名の外国人のうち、15 名が中国からの留学生であることを考えると、中国からの留学生の存在感は日本の大学でありながら日本人学生を遥かに凌駕している。筆者の研究室の運営や研究の活性化を考えると、優秀で“ハングリー”精神を持った外国人留学生がたくさん集い、研究成果が非常に上がったことは良かったと言える。外国の留学生と最先端のハイテク実験装置をフル活用して未知の領域に挑戦する喜びを分かち合いながら、論文指導をするプロセスを通して、多くの議論を重ね、筆者もたくさんの経験をし、勉強をさせてもらった。しかしながら、日本人の博士課程進学者がほとんど得られなかったという事実は、日本人の研究人材を養成することはほとんどできなかったことを意味している。その実態は、日本の大学の大学院でありながら、日本人の若手人材の教育研究機関としてよりも外国人（その多くは中国人）の若手人材教育に貢献してきたというものである。筆者の研究室の事例は、決して特殊なものではなく、日本の多くの工学系ドクターコースで起きている共通の問題であると思われる。

c）金属積層造形技術研究分野での日本の国際競争力

世界における金属積層造形技術に関する研究分野での日本のプレゼンスに関して考えたい。金属積層造形技術は、2013 年のオバマ大統領（当時）の一般教書演説での積層造形技術に関する言及により、一躍その研究開発意欲が高まったものであり、過去 10 数年の間に活発に研究開発が開始された分野と言って良い。その状況について、金属積層造形技術に関して世界中で発表された論文数、特許件数の年代別推移を調べることで理解できる。調査対象とした国は、この分野に影響力があると考えられる、3 か国、即ち、アメリカ合衆国（US）、ドイツ（DE）、中国（CN）、それに日本（JAPAN）を加えた 4 か国とした。2013 年から 2021 年（8 月現在）までに発表、出願された、研究論文数および特許件数を図 6 および図 7 にそれぞれ示す。金属積層造形技術に関する論文数および特許数は、それぞれ Web of Science および WIPO より、キーワードを「metal additive manufacturing）として検索した結果をまとめたものである。図 6 から、2013 年に、各国の論文数は、アメリカ：32、ドイツ：20、中国：11、日本：3 であったものが、年々その数が増加する。図 7 から、特許件数も多い国で 20 件程度であることから世界的にこの時期から学術的な研究開発が活性化したことが伺える。論文数の増加は、特に中国において著しく、2020 年では、アメリカ（448）に迫る 421 編となる。この数字は、ドイツ：198 編の 2.1 倍、日本：51 編の 8.3 倍にも及ぶ。また、特許出願件数（図 7）においても中国：463 件の出願件数は突出して多く、2 位のドイツ：196 件の 2.4 倍、アメリカ：135 件の 3.4 倍、日本：32 件の 14.5 倍である。この様な論文数、特許件数がそのまま将来の金属積層造形技術分野を制する“核心的技術力”に結びつくかどうかは単純に判断することはできない。しかし、数字から伺い知れることは、金属積層造形技術を活用するもの作り技術分野における最先端の経験値を質量ともに中国の研究機関（企業）がどの国よりも多く有しているということである。このままの勢いで行くと、近い将来に中国が金属積層造形技術を利用した製造業の世界的センターとしての役割を担う時代が来る可能性は高いと考えられる。中国製造 2025 の目指す目標の一つ（世界一の 3D プリンティング技術による製造業）は達成する可能性は極めて高い。

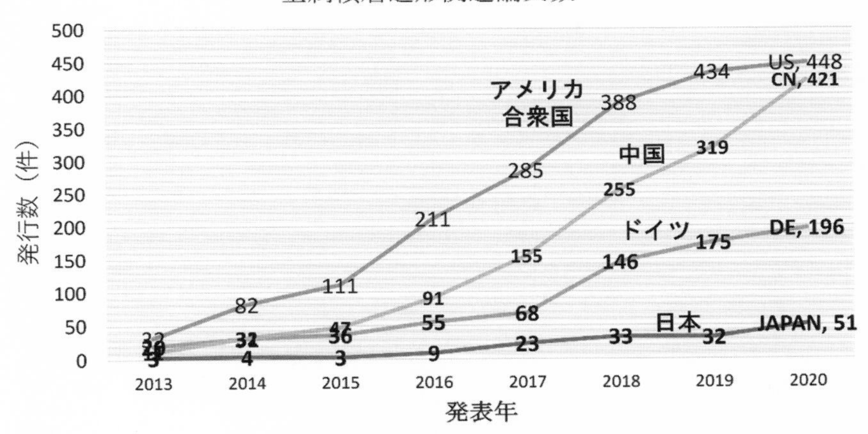

図 6　金属積層造形技術関連論文数

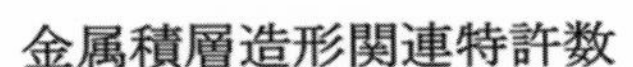

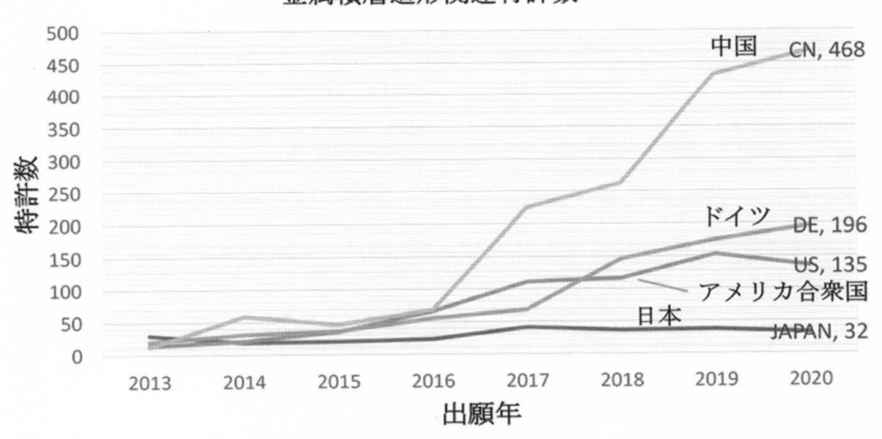

図 7　金属積層造形技術関連特許数

次に、2013～2021 年（8 月）の期間に日本の研究機関（大学、国研、民間企業など）から発表された金属積層造形技術に関する論文の第一著者の国籍別（日本人、中国人、その他の国）に分類して調べた結果を図 8 に示す。統計は、金属積層造形技術の専門誌である Additive Manufacturing、金属材料研究分野で有名な Acta Metalialia、Materials Science and Engineering、Metallurgical and Materials Transactions、Journal of Alloys and Compounds の五つの学術誌から、キーワードを「metal additive manufacturing」として検索して取られたものである。図 8 に示すように、日本の研究機関から発表された論文の第一著者が日本人であるものは、全体の 55％であり、35％

は中国人、残り 10%がその他の外国人であるという結果であった。図 6 からわかるように、金属積層造形に関して 2013 年から 2021 年の間に発表された世界全体の論文数に対する日本の寄与率（比率）は 5%程度である。この僅か 5%の寄与率のさらに凡そ半数の論文の第一著者が外国人であるという事実は、日本の工学系大学院博士課程への日本人の進学者が少ないことを反映しているものと考えられる。

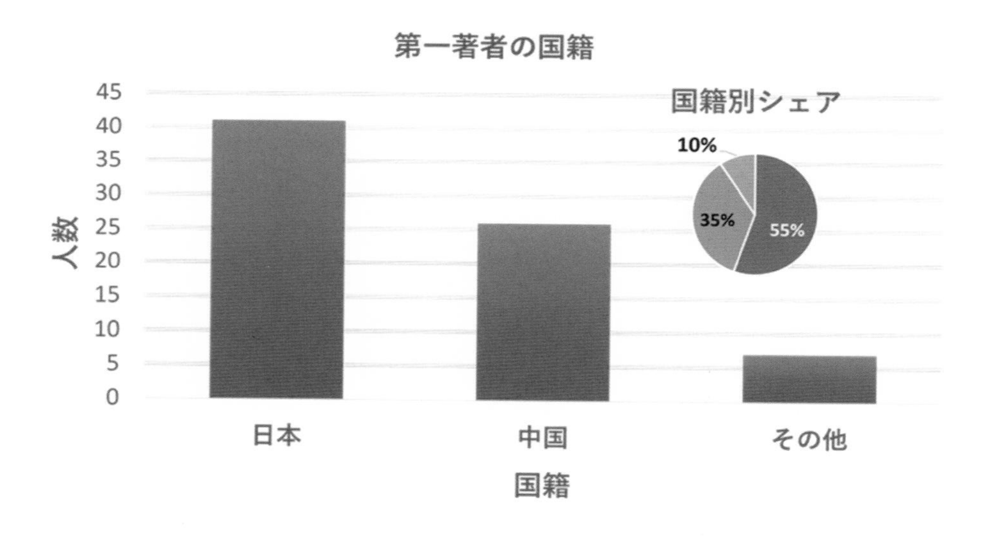

図 8　各誌掲載の日本に所属する論文における第一著者の出身国別統計

注 1)　GE additive: https://www.ge.com/additive/additive-manufacturing/information/additive-manufacturing-materials. [Accessed: 08-May-2019].
注 2)　Norsk Titanium: https://www.norsktitanium.com/media/press/norsk/pressoved-3d-printed-structural-titanium-components-to-boeing. [Accessed: 8-May-2019].
注 3)　Forbes: https://www.forbes.com/sites/sarahgoehrke/2018/12/05/additive--manufacturing-is-driving-the-future-of-the-automotive-industry/#56c630a375cc. [Accessed: 08-May-2019].
注 4) Volkswagen: https://www.volkswagenag.com/en/news/ stories/2018/12/brake-calipers-and-wheels-now-from-a-3d-printer.html. [Accessed: 08-May-2019]

２．研究室で取り組んでいる主な研究テーマ

以下には筆者の研究室で取り組んでいる主な研究テーマとその研究内容について紹介する。はじめに研究概要について説明し、その後に金属積層造形に関連する研究テーマの内容について述べる。

２.１　研究テーマの概要

当研究室は、金属合金の（熱間）鍛造加工や（熱間）圧延加工などの塑性加工や熱処理に関する研究を行って来ている。材料内部に起こるマクロ、ミクロ、ナノスケールの微細組織変化を最新の分析・解析技術や計算機シミュレーションなどを駆使して系統的に明らかにすること。特性発現メカニズムに基づいた加工プロセスの確立と新材料の創製を目指し研究を推進している。研究の柱は、金属系の先端材料科学からもの作りまで直結した研究開発である。高機能構造材料を作り出す技術開発、各種の最先端の分析手法やシミュレーション手法を駆使して、個々の材料の最も優れた特性を引き出すこと、これを最終的な目標にして新しい金属合金を開発することである。
研究スタイルの基本は、実験から始めるというスタイルである。新規プロセスを積極的に取り入れてもの作りに直結する研究をする。使えるものを作っていく。そういった中で、基礎研究の芽（ネタ）が生まれる。基礎研究をコツコツ積み上げていき、新しい材料を開発するという手法も、正統的で、非常に麗しく正しいとは思うが、使えるものを何とか作ろうとやっている過程で、新しい学理の芽を見出すということも経験している。日々のもの作り活動を通して着想されるアイデアから新しい基礎研究分野を開拓して行くというスタイルは、筆者の研究室の若手スタッフにも理解してもらっており、実際に彼らもそういう方針で研究して、非常に良い成果を出している。

表 1[9]に、当研究室の研究テーマを取り扱ってきた材料別の分類と加工プロセスに関係する研究に分類して示している。

表 1 に示すように、研究対象としてきた合金種として、生体用の Co-Cr-Mo 合金、耐熱・高耐食・高耐摩耗合金（Ni 基合金およびＣｏ基合金）、航空機用 Ti-6Al-4V（合金組織制御 α’processing)、その他鉄系および非鉄系合金に関する研究を行っている。さらに、加工プロセスに関係する研究課題として、熱間鍛造に関係した研究がある。この研究では、熱間鍛造による合金の組織変化を定量的に評価し、材料科学に基づいて熱間鍛造の最適条件を決定する「インテリジェント鍛造」法を提唱した。これを汎用チタン合金、ニッケル基超合金、コバルトクロム合金などの実用合金に適用し、その有用性を実証した。

---

[9] http://www.chibalab.imr.tohoku.ac.jp/research/index.html#p02

表1 研究室の研究テーマ

合金種と加工プロセス技術	主な研究テーマ
生体用 Co-Cr-Mo 合金	人工股関節摩耗シミュレータによる生体用 CoCrMo 合金の摩耗特性評価と新規人工関節用 CoCrMo 合金の開発
	温間・熱間加工領域での CoCr 系合金の伸線・伸管加工技術の確立
	生体用 CoCrMo 合金の変形機構の解明
	歯科用 CoCr 系合金の開発
	生体用 Ni フリーCoCrMo 合金の熱間鍛造加工と動的再結晶挙動に関する研究
	生体用 CoCrMo 合金の相変態に関する研究
	高機能・高安全性 Ni フリー生体用 Co-Cr-Mo 合金の加工プロセスおよび組織制御に関する研究
耐熱・高耐食・高耐摩耗合金（Ni 基, Ｃｏ基,）	Inconel 713C 系 Ni 基超合金の高延性化と高温強度に関する研究
	アルミダイカスト用金型合金の開発
	耐熱ばね用超合金の研究
	FSW ツール用合金の開発
	高耐食性と高耐摩耗射特性を兼ね備えた超合金の開発
Ti-6Al-4V 合金組織制御 (α'processing)	Ti-6Al-4V 合金の超塑性に関する研究：超塑性加工法を利用した高強度チタン合金部品の成形技術開発（熱交換器用など）
	Ti-6Al-4V 合金の変形組織解析：自動車用サスペンション開発
	航空機用 Ti 合金の熱間加工特性と組織制御に関する研究
	工業用(α＋β)チタン合金のマルテンサイトを利用した組織制御および力学特性に関する研究
その他材料	高強度・高導電性 Cu 合金の開発
	Fe-Co-Cr 系合金の熱間鍛造とスピノーダル分解（新規高性能半硬質磁石材料開発）（ナノ・ミクロ微細組織とスピノーダル分解との相間）
	ハイエントロピー合金に関する研究
	耐摩耗性と耐食性を両立した炭化物強化マルテンサイト鋼の開発
	高制振性高強度 Mg 合金の開発
インテリジェント鍛造加工法	インテリジェント鍛造のコンセプトによるよる CoCr 合金の最適熱間鍛造法の確立－生体用 CoCrMo 合金の人工股関節ステムの最適熱間型鍛造法製造法の確立
	炭素鋼の高温変形挙動とプロセッシングマップの構築
電子ビーム積層造形技術	航空機用・自動車用耐熱 Ti-Al 合金の開発：タービンブレード材料
	医療用（人工関節）製品造形技術の開発（CoCr 系、Ti 系）
	鉄基合金造形技術、アルミ合金造形技術
	高融点（Nb 基、W 基）合金造形技術の開発

2010 年からは最新鋭の金属積層造形技術である電子ビーム積層造形法に国内の大学や国の研究機関では初めてとなる取り組みを開始した。これまで、電子ビーム積層造形プロセスで生起する造形体内部の欠陥の形成メカニズムに関する研究を行っている。また、機械学習を応用して金属積層造形プロセスを最適化する手法に関する研究を行っている。電子ビーム積層造形技術を用いることにより、鋳造・粉末冶金法などの既存のプロセスでは期待できない超高温度勾配・超急速凝固などの凝固プロセス上の特徴を最大限に引き出す手法を考案し、今後期待が高い純銅製部品、AlSi10Mg などの Al 合金、医療用 CoCrMoW 合金、ハイエントロピー合金、Ti-6Al-4V 合金、改良 Ti6Al2Sn4Zr2Mo-SiNb 合金、インコネル 718、713C 合金を始めとするニッケル基超合金など、多種多様な合金を電子ビーム積層造形技術を用いて世界に先駆けて開発してきた。それらの組織や機械特性を探求することにより、電子ビーム積層造形技術の可能性について明らかにしている。

以上、当研究室で現在実施している研究テーマを大雑把に紹介した。これらの研究の成果として、これまで 400 編を超える学術論文[10]の発表と、100 件を超す特許（60 件登録）を出願している。その中で幾つかは実用化（最近は“社会実装”という表現がなされることが多い）されているものがある。以下に、金属積層造形技術における実用化の事例について紹介する。

2.2　金属積層造形技術における実用化の事例

企業との共同研究においては、未だ金属積層造形法が適用されていない種々の合金の電子ビーム積層造形の探索を行い、多くの合金の電子ビーム積層造形を可能としてきた。それらの研究の中で、健全な造形のために求められる普遍的な法則性を見出し、造形の経験の無い材料の造形条件の最適化を行うためのノウハウを蓄積してきた。さらにそのノウハウに基づき、電子ビーム積層造形における急速溶融凝固を活用した全く新しい合金の開発も行った。電子ビーム積層造形をはじめとする PBF（粉末床溶融結合法：Powder Bed Fusion）方式、1mm 以下の微小領域での急速な溶融凝固を繰り返して付加的に 3 次元形状をもつ部材を製造するため、従来の鋳造法では凝固偏析により粗大な晶析出物が生成して健全な部材が得られないような組成の合金でも、晶析出物を微細に分散させることができる。このことを利用して硬質相の体積分率を従来の数倍以上に高め、飛躍的に強度向上させた材料を創製することに、複数の企業との研究で複数の合金系で成功している。各企業との共同研究により多くの研究成果を得ているが、ここではプレスリリース、特許、論文、学会発表により公開済みの研究成果のみを紹介する。

---

[10] http://www.chibalab.imr.tohoku.ac.jp/achievements/journal_papers.html

2.2.1 電子ビーム積層造形によるチタン合金（Ti6Al4V）製スラスタの開発[11]

筆者の研究室では、電子ビーム方式粉末床溶融結合型の金属積層造形（EB-PBF）を中心として研究開発を行っている。ここでは、このEB-PBFで実際に製造された、宇宙用の部品造形例を紹介する。㈱コイワイがEB-PBFによって製造したTi6Al4V合金製スラスタの事例について紹介する。図9に示す図は、宇宙航空研究開発機構（JAXA）が、国際宇宙ステーション（ISS）から実験試料を持ち帰る際の小型回収カプセルを示したもので、こうのとり7号に搭載された小型回収カプセル（HTV Small Re-entry Capsule：HSRC）である。筆者の研究室も参画して実施した国プロにおいて、㈱コイワイにて製造された電子ビーム積層造形技術製の姿勢制御スラスタ8台が搭載され、2018年11月11日午前、太平洋上で回収され、無事ミッションが完了した。ISSから試料を持ち帰る試みは日本初であり、カプセルを載せた無人補給機「こうのとり」7号機は、同年同月の8日にステーションから切り離されて、大気圏突入前に小型カプセルを放出。このカプセルは世界初の3D金属プリンター（電子ビーム積層造形装置）製姿勢制御スラスタとパラシュートにより南鳥島近くの海に着水させ、船で回収された。

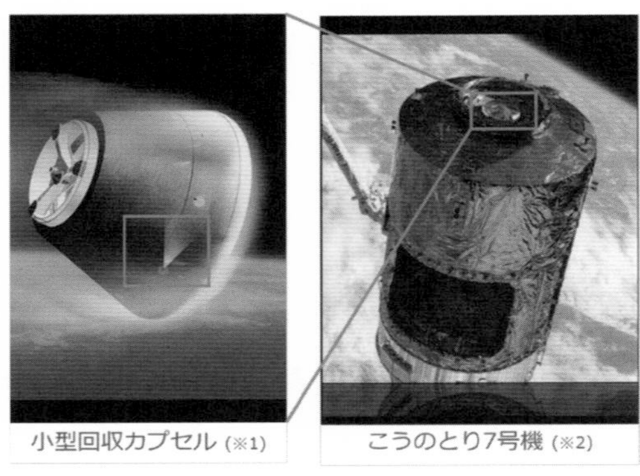

図9 JAXAのこうのとり7号機（右図）と搭載された小型回収カプセル（左図）。

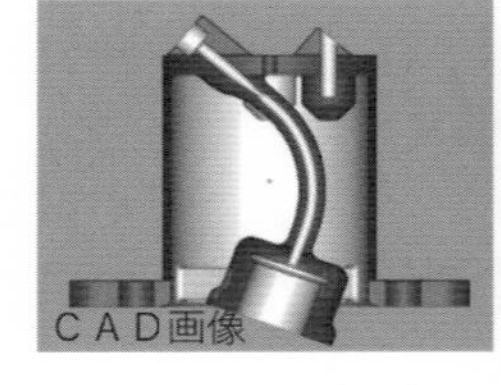

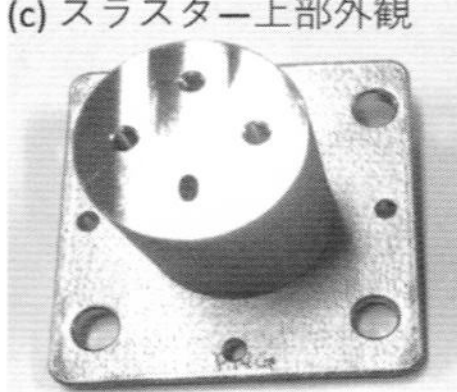

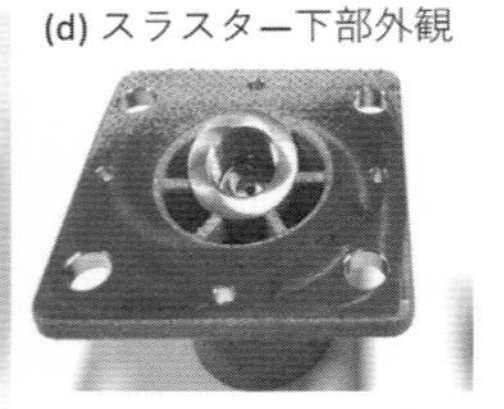

図10 (a)スラスターのCAD画像とEBAM造形した造形物の(b)X線CT画像、(b)図ラスタ上部からの外観、(d)下部からの外観。

この回収カプセルの姿勢を制御するスラスタはTi6Al4V合金製であり、電子ビーム積層造形技術で製造されたものである。そのモデルと実際のスラスタを図10に示す。図10(a)では内部構造が分るようにCAD画像が示されている。図10(b)は実際に製造されたTi6Al4V合金製スラスタの内部構造が分るように撮影したX線CT画像である。これを見て分かるように、CAD画像と比較すると、実際の造形物では、姿勢を制御する際に噴射するガスの流路が、高精度に造形されていることが分る。内部のガス流路は噴射効率を考慮した設計になっており、流路が湾曲している。このような曲線

---

[11] 千葉晶彦：精密工学会誌、82巻、2020年、925—929頁

加工は既存の加工法では一体成型ができないため、複数個所の溶接などの接合プロセスが必要となり製造コストが高くなる。一方、電子ビーム積層造形を使用することにより一体成形が可能であるため、極めてシンプルであり、溶接などの接合部が無いため高強度な部品に仕上げることができる。加えて、部品製造コストを大幅に低減させることが可能となり実用的に大きなメリットをもたらす。図 10 で紹介したスラスタ製造は、既存の加工加プロセスでは製造が困難な複雑形状の部品を一体成型により造形できるという金属積層造形の特徴を端的に実証したものである。

2.2.2 電子ビーム積層造形を用いた高強度・高耐食ハイエントロピー合金の作成[12]

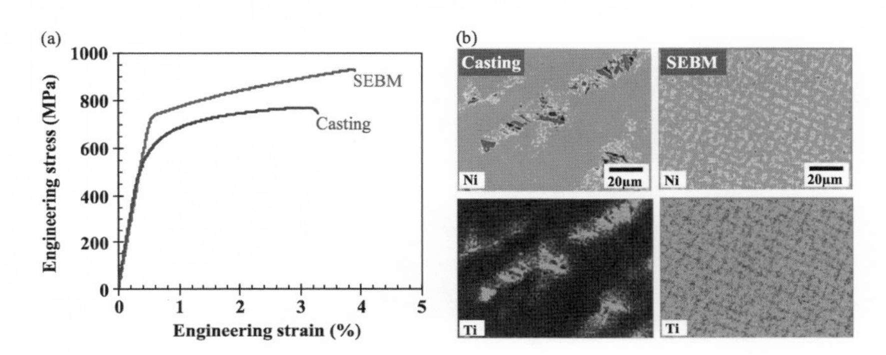

図 11　電子ビーム積層造形した CoCrFeNiTi 基のハイエントロピー合金(HiPEACE)の応力ひずみ曲線と EPMA にて分析した元素マップ。

高強度・高耐食性が期待されながらも従来の鋳造法では凝固偏析により期待される特性が発揮されていなかった CoCrFeNiTi 基のハイエントロピー合金(以下 HiPEACE)[13]の電子ビーム積層造形に世界に先駆けて成功した。これは、㈱日立製作所と共同研究の成果の事例である。造形した HiPEACE 合金においては、図 10(b)に示す様に、鋳造材（Casting)では数十 μm と粗大かつ不均一であった溶質分布が、電子ビーム積層造形（SEBM）材では、周期が 5 μm 以下と極めて均一に分散析出しており、高い強度と延性を示した。これは、造形プロセスが鋳造と同様に凝固プロセスであり、凝固偏析が存在するものの、凝固速度が速く、溶質濃度の揺らぎの周期が小さくなったためと理解される。濃度揺らぎが微細であるため、熱処理による均質化が容易であり、

---

[12] http://www.hitachi.co.jp/New/cnews/month/2016/02/0215.html

[13] T. Fujieda, et al., CoCrFeNiTi-based highentropy alloy with superior tensile strength and corrosion resistance achieved by a combination of additive manufacturing using selective electron beam melting and solution treatment," Mater. Lett., Vol.189, (2017), pp.148–151；早川純，ほか，グリーンイノベーションを実現する革新的機能性材料，日立評論，Vol.98, No.07-08(2016), pp.514–515.

均質化によりさらに強度と耐食性が向上し、図12左に示す様に、従来比で強度1.2倍、耐食性が 1.4 倍の特性向上を達成するとともに、図 12 右に示す様な複雑な形状を有する羽根車の作成に成功した。本研究で開発された技術は「該合金部材の製造方法, および該合金部材を用いた製造物」として特許化され、2016年11月には国際特許「High Entropy Alloy Member, Method for Producing Alloy Member and Product using Alloy Member」として申請され2017年 6月に公開された。

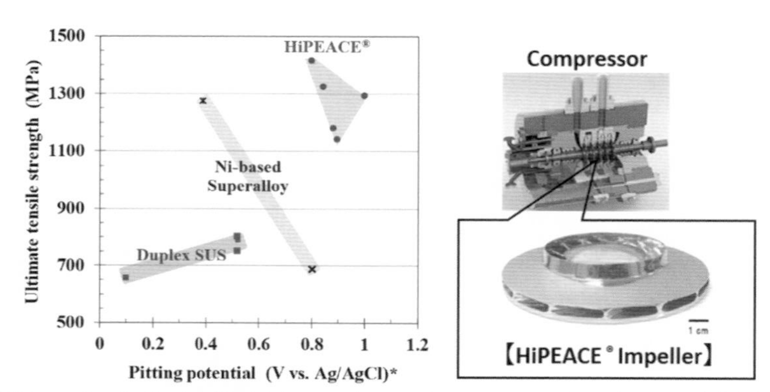

図12開発されたCoCrFeNiTi基のハイエントロピー合金の強度と耐食性の従来合金との比較.造形に成功した複雑な中高構造を有する羽根車[14]

3. 産官学の連携状況

筆者が岩手大学在職中に、産学官連携で取り組んだ医療用コバルト合金（COBARION®）の研究開発事例とその成果について、またその研究開発を通して筆者が抱いた問題意識につい述べたい。

図 13 機械式腕時計と動力ゼンマイ（雫石時計工房 HP）

3.1 生体用コバルトクロム合金の研究と実用化

筆者は 2006 年（平成 18 年）11 月に助手、助教授、教授として 19 年間勤務した岩手大学工学部より、現職の東北大学金属材料研究所に移動し、加工プロセス工学研究部門（研究室）を担当することになった。今年（2022 年）で 16 年目になる。現在も推進している生体用コバルトクロム系合金に関する研究開発は、岩手大学時代に行われた産学官連携による研究開発の事例であり、この機会に紹介したい。

---

[14] 藤枝 正, 白鳥 浩史, 千葉 晶彦:日本機械学会誌、2018 年 121 巻 1192 号 p. 20-23

岩手大学では、当時、工学部を中心とした産学官連携による地域の活性化に資する研究開発を推進する機運が盛り上がっており、その勢いを借りて筆者も地域企業との共同研究を中心として研究を進めていた。コバルトクロム系合金の構造・機能材料としての実用化はこのような産学間連携の機運が後押ししてくれたと考える。代表的な実用化例として機械式腕時計の動力ゼンマイ用合金（SPRON510, SPRON530）（図13)、医療用を中心とした金属部品として使用される高強度高耐食・高耐摩耗コバルトクロム合金（COBARION®）（図 14、15）などがある。この中でも COBARION®の開発は岩手県と釜石市の行政と企業との間で行われた産学官連携の研究開発プロジェクトであり、地域活性化を掲げて取り組んだものであった。研究開発目標は達成したが、医療用材料としての事業化の面では苦戦を強いられた。そこには日本独特の医療制度の壁が立ちはだかり、科学技術のアプローチのみでは事業化は実現しないことを学んだ。この時の経験を共有していただくために、研究開発が行われた当時の社会背景、開発経緯について以下に簡単に紹介したい。

図 14 COBARION®製の鍛造材丸棒・板材

図 15 COBARION®製の LCW 鍛造材丸

3.1.1 地域における科学技術と金属材料研究ー岩手県釜石での取り組み

[研究の社会背景]

東北地方の高齢化率（六十五歳以上の人口割合）は全国平均を大きく上回り、すでに超高齢社会に突入している地域が多くある。岩手県では平成十八年度に高齢化率が二十五％を超え、釜石市では、三十％を超えており名実ともに超高齢社会に突入している。この様な「超高齢社会」は良い面でも悪い面でも社会的に様々な影響を及ぼすと考えられ、その負の側面を取り除き地域経済の活性化につながる施策を打ち出すことが強く求められていた。

超高齢社会に役立つ産業創生という視点から考えると、安全で長寿命の人工股関節・人工膝関節などに使用する生体用金属材料の開発は重要な研究開発テーマである。千五百億円を越える金属系生体材料の国内市場を有しながらその九十％は海外から輸入している。国産化により一千億円規模の市場が新たに形成されることになる。しかしながら、自動車や電気製品とは正反対に、完全に海外に依存しているのが日本の現状である。これは、医療用に使用する金属材料は、自動車や建築分野に比べて量的に比較にならないほど少量であるため、国内の大手特殊鋼メーカーの大量生産用設備では生産し難いという事情もあった。少量でも国民の医療に必要な金属材料を国内で安定に供給する企業の存在は国民の医療の安全保障という視点において極めて重要である。少量でも重要な金属材料を供給する事業は、大企業では逆に参入が困難なニッチ産業と化している現実があった。この隙間を埋めるべく、地域で行う産業創生として取り組む意味は大きいと考えられる。

[事業化に向けた産学官連携による取り組み]

このような社会背景のもと、今から遡ること 21 年前の平成十三年（2001 年）八月に、岩手大学と岩手県釜石市にある釜石・大槌地域産業育成センターが共同で、「コバルト基合金生体材料開発研究会」を結成し、「鉄の町釜石」を中心とする金属系生体材料産業創生のための活動を開始した。地域における「科学技術の実践」であり、まずは生体材料とは何かを知るための勉強会から始めることにし、金属系生体材料について、あるいは人工股関節膝関節についての勉強会を釜石市の地元企業の技術者、行政関係者などの参加を得て開催した。釜石市での生体材料を中心とする新規素材産業の創生の意義について、地元企業関係者、行政関係者、市民とともに多くの議論を重ねた。

第一回研究会を開催した年の後半に、経済産業省の研究開発事業に採択され、その翌年には世界に先駆けてニッケルフリーで且つ組織制御されたコバルト-クロム-モリブデン合金の薄板の開発、これを用いた、骨折固定用のプレートの試作に成功した。この様な大学での研究開発の成果により、釜石での金属系生体材料産業創生の気運が一気に高まり、大学の科学技術が地域の身近な科学技術として期待を集めることになった。

以来、釜石における生体用金属材料の研究開発と事業化への取り組みは、前出の経済産業省コンソーシアム研究開発の成果を基にして、平成十六年度（2004 年度）から文部科学省の研究開発事業として展開され、2012 年度までの 9 年間をかけた三つのプロジェクト（都市エリア産学官連携促進事業（一般形および発展型）、地域イノベーション戦略支援プログラム（グローバル型））として受け継がれることになった。これらの研究プロジェクトは、岩手県が文部科学省に提案して採択されたもので、筆者が研究統括として研究開発部門を推進した。大学のニッケルフリーコバルト-クロム-モリブデン合金に関する研究シーズと岩手県央から釜石に連なる金属系ものづくり基盤を戦略的に連携させることによって、「岩手発・世界初」の国際競争力のある高付加価値材料を創製し、地域での新たな革新的産業の創出と地域経済の活性化を図ることを理念とした実施したものである。

[医療用コバルト合金 OBARION®の誕生]

平成二十年度には、上述した研究開発の成果に基づき、釜石の地元企業、㈱エイワが中心となり、生体用コバルト-クロム-モリブデン合金を日本はもとより世界を視野に入れて供給する事業を興すことになった。事業化を推進する企業となった㈱エイワは、釜石で建築用の FRP 素材の加工を行う地元企業であり、金属とは関係ない事業を行っていた。そこに新たに金属事業部を設け、前出の経産省事業や文部科学省事業に参画して生体用コバルト-クロム-モリブデン合金製造に必要となる真空溶解技術から熱間鍛造技術などそれまで経験のない冶金技術の確立を目指した。平成 23 年（2011 年）には、東日本大震災に見舞われたが、実験工場を津波の被害を大きく受けた鵜住居地区から、現在の甲子地区に発災の半年前に移設しており、被害を免れることができた。それまで設備した 30kg 真空誘導溶解炉、プレス機などの設備備品、製造上のノウハウが込められた治工具などが温存され、何よりも人的被害もなく、コバルト合金事業をほぼ予定通り継続することができた。九死に一生を得た思いであった。翌年の平成 24 年（2012 年）には、人工股関節用のコバルト-クロム-モリブデン合金の溶解技術、熱間圧延・鍛造技術を確立し、世界でも最高性能を持つ人工股関節用コバルト-クロム-モリブデン（Co-Cr-Mo）合金の開発に成功した。その完成を待ちわびるように、その年の 3 月 9 日に、達増拓也岩手県知事が、「岩手県の産学官連携で誕生した生体用コバルト合金が完成した。名前をコバリオン（COBARION®）と命名した」とツイートされている（図 16）。岩手県で生まれたコバルト合金という意味を込めて、コバルトの Cobalt と釜石の英訳“IronPod Stone”から釜石の象徴たる丈夫な鉄の Iron とを合わせた、岩手の釜石を拠点とした地域活性化と地域新興の象徴として命名された。

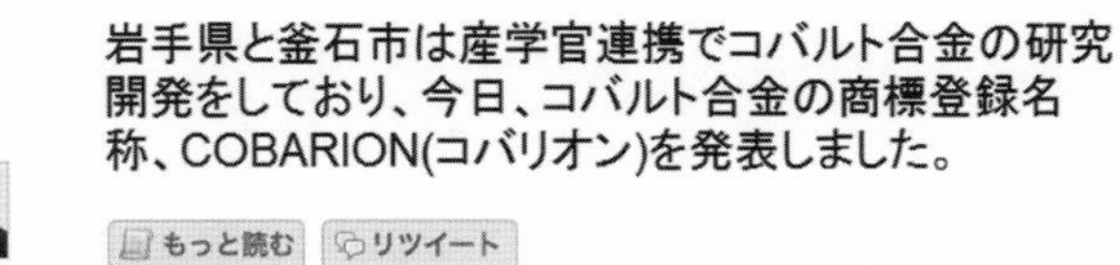

図 16 達増拓也岩手県知事のコバリオン命名のツイート

同年の 4 月 17 日に、㈱エイワは、人工股関節ステム用として国内の大手医療メーカーに COBARION®を初出荷した。このことを知らせる新聞記事の抜粋を図 17 に示す。この日が来るまで、日本の人工関節などに使用する生体用 Co-Cr-Mo 合金は海外から 100%輸入に頼っていたわけである。この日を迎えるまで様々な困難を乗り越え初出荷に漕ぎつけた㈱エイワを始めとする、コバルトプロジェクト関係者は安堵した瞬間であった。

[医療用合金研究開発の課題]

人工股関節を始めとする医療用の金属材料は、国産化のためには研究開発により最高性能の特性を持たせることは必要条件であり、価格も輸入品と同等かそれ以下で販売することが求められる。これは工業製品と同じ事情である。しかし、一般産業用の材料として流通する場合には考えられない“市場競争力”が求められている。これが障害となり、医療用金属材料の国産化を阻んでいると筆者は感じている。最高の材料技術を駆使して最高の品質に高度化しようとも無駄であることを後々理解することになった。政府が医療用産業の創生を如何に掲げようとも、日本の医療制度が変わらない限り、生体用金属材料の国産化は現実的に不可能であると言わざるを得ない。そう考える理由について以下に述べる。

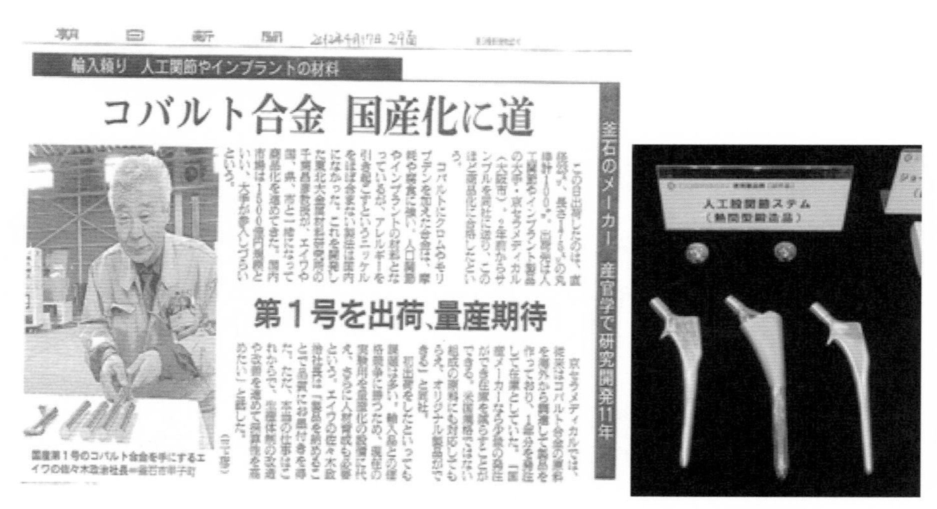

朝日新聞

輸入頼り　人工関節やインプラントの材料

コバルト合金　国産化に道

釜石のメーカー　産官学で研究開発11年

第1号を出荷、量産期待

図 17　岩手発・世界初のニッケルフリーコバルトクロム合金（(COBARION®)）の初出荷を伝える新聞記事（左）と COBARION を用いて熱間鍛造によって製造された人工股関節ステム（右）

日本の医療制度では[15]ペースメーカ、人工関節、ステントといった高額な植込み機器は特定保険医療材料として個別に償還価格が決められている。医療機器は、多くの場合で償還価格が決まっている既存の機能区分に入るため、新製品だからといって高い償還価格に設定することができない。これが新薬ごとに価格が評価され、既存薬に対してプレミアムが認められることが一般的な医薬品との大きな違いである。

例えば、人工関節であれば、高価で高機能な CoCr 合金製でも材料価格としてはそ

[15] http://www.medtecjapan.com/ja/news/2017/02/24/1820

の十分の一以下であり、加工費も安価なステンレス製の人工関節と同じ償還価格が設定されている。このため、たとえ医療機器メーカーが高額の研究開発費を投資して新合金製の長寿命人工関節を開発して新製品として販売する場合でも機能区分としては既存の「人工関節」の償還価格となり、研究開発費で投入した開発費を価格に転嫁することができない仕組みとなっている。この様な日本独特の医療材料償還価格制度は、医療機器の国産化のための研究開発意欲を完全に削ぎ取っている。さらに問題なのは、2 年ごとの償還価格の改定である。この償還価格の改定は、厚労省が実勢価格（病院への納入価格）を調査し、それに基づいて償還価格を改定するため、医療機器メーカーが病院への納入時に納入価格を値引きするとそれが将来の償還価格の下落につながる。さらに、医療機器の場合は機能区分ごとに償還価格が改定されるため、企業間の価格競争により、他社が価格を下げていれば償還価格が低く改定されることになる。シェア拡大のために価格を下げると、長期的に償還価格の下落を招くことになる。以上の様に、厚労省が行う償還価格の改定は実質的に医療機器の価格の下落を促す効果が発揮される元凶となっている。これは、整形外科向け人工股関節ステムでは最近 10 年で償還価格が半分に下落している（図 18）ことからも伺い知ることができる。物の値段が年を追うごとに下落する“デフレ現象”が人工関節市場において現出している。日本での高齢化は年を追うごとに進んでおり、人工関節の需要はそれとともに高まっているにも関わらず、である。国の歪な財政政策によって、日本の医療機器分野では医療機器メーカーの研究開発意欲は高まらず、勢い輸入すれば足りるという経営戦略とならざるを得ず、已むに已まれぬ諦めのため息が聞こえてくる思いがする。

話を前述した岩手県での医療用コバルト合金 COBARION®の研究開発に戻そう。医療用の金属材料としての COBARION®の国内医療機器メーカーへの販売はこのような日本の独特な医療制度の下で苦戦を強いられている。人工関節用金属材料としては世界最高品質の COBARION®を生み出し、国内で生産できる体制が整っているにもかかわらず、相変わらず、輸入品がほとんどの市場となっている。岩手県釜石で、20 年前に国産化を目指した当時の状況と何も変わっていない現状は、開発を推進してきた責任者の一人としての気持ちを吐露すると、日本の医療制度（正確には、償還価格制度）の下では、“刀折れ、矢尽きた”の心境である。一方、COBARION®の開発事業に着手したころから、“日本の医療制度では医療用素材開発は報われない”との関係各所からの助言に従いサブテ

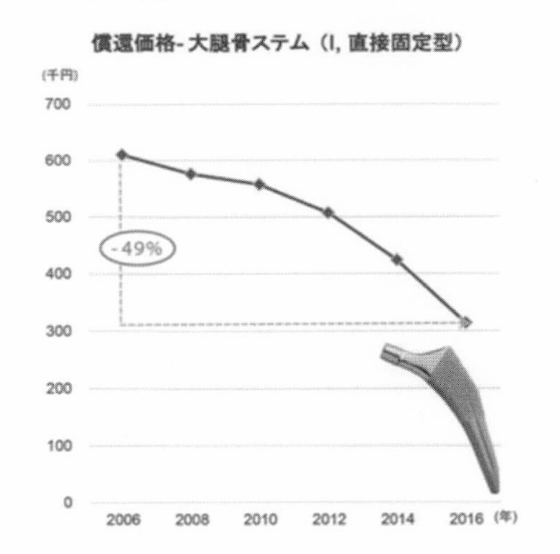

図 18 特定保健医療材料（人工股関節ステム）の償還価格の下落（出典：サイモン・クチャーアンドパートナース、厚労省ホームページ）

ーマとして取り組んでいた一般産業用途の特殊合金の製造事業は、着々と進展している。今では、㈱エイワの金属事業部のビジネスを支えるまでに成長している。研究開発用の合金試作を始めとして、大手では扱えない少量多品種の合金製造を得意とする地域発特殊合金製造企業として逞しく実績を積み上げている。医療用としてのCOBARION®を実用化するために培ってきた世界一の材料科学上の知見に裏付けられ、少量生産に特化した優れた特殊合金製造技術は世界的にも類がないユニークな存在として市場に受け入れられている。

以下に、筆者の研究室で㈱エイワの金属事業部と共同で取り組んだ、生体用金属材料以外の研究開発事例について紹介する。

3.2　耐摩耗性と耐食性を両立した炭化物強化マルテンサイト鋼の開発

3.2.1 研究背景

自動車やエレクトロニクスの分野において、強度や耐熱性に優れるスーパーエンジニアリングプラスチック（以下スーパーエンプラ）の市場が急拡大している。スーパーエンプラ製品の製造方法の一つとして射出成形技術がある。図 19 に樹脂用射出成形機の概念図と典型的なスクリューとシリンダーを示す。樹脂用射出成形技術では、樹脂の可塑化溶融時に腐食性ガスが発生するため、スクリュー・シリンダー等の成形機の金属製部材の腐食が問題となっている。また、スーパーエンプラ製品の強度を向上するために樹脂に添加するガラスフィラー（GF）等の硬質フィラーの添加量を増加させる傾向にあり、成形機の金属部材の摩耗も深刻化している。従来、射出成形機の金属部材には耐食性の良いステンレス鋼が使用されているが、腐食とともに耐摩耗性に大きな課題を抱えている。一方、高速度鋼（ハイス鋼）に代表される高硬度鋼は、微細な炭化物により強化されたマルテンサイト組織からなる。このため、高速度鋼製部材では、高硬度でかつ耐摩耗性に優れるものの、炭化物とマルテンサイト母相との界面において腐食が発生しやすく、十分な耐食性が得られない。したがって、硬度・耐摩耗性と耐食性の両方の特性を両立した鉄鋼をベースとした新材料の開発が強く求められていた。

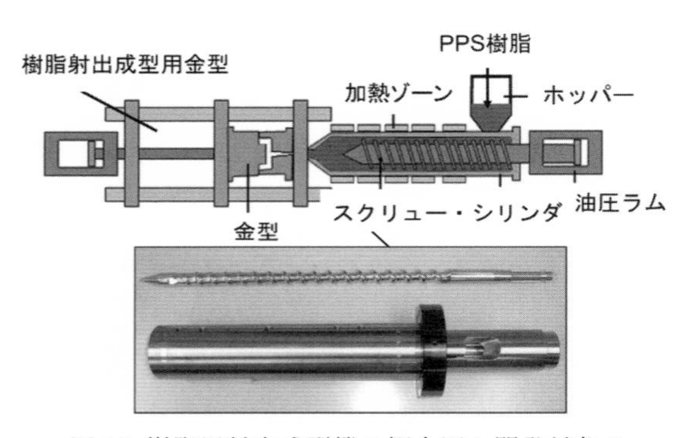

図 19 樹脂用射出成型機の概念図と開発対象のスクリューとシリンダー

この様な背景の下、スーパーエンプラの中でも大きな市場規模を有する PPS（ポリフェニレンサルファ イド）樹脂をターゲットに、PPS 樹脂の可塑化溶融時に生ずる亜硫酸ガスによる腐食と、樹脂の強化のために添加されたガラスフィラー（GF）によるアブレシブ摩耗に対して優れた耐久性を有し、低コストで製造可能な鉄鋼材料の開発に取り組んだ。

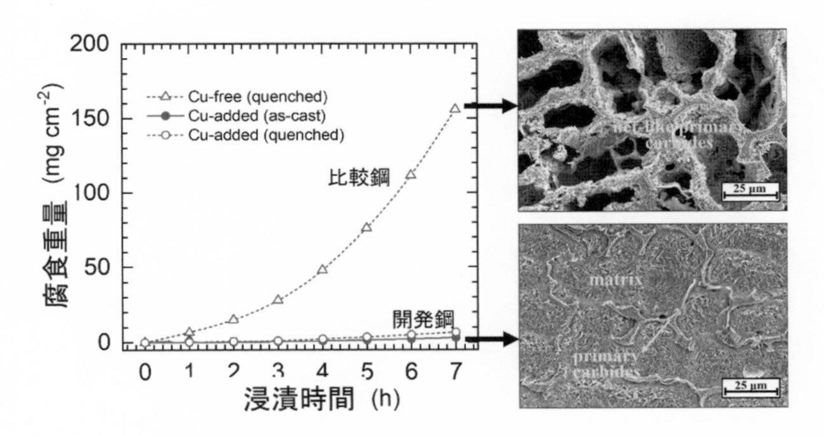

図 20 開発鋼と Cu 添加していない比較鋼の 0.5M 硫酸中における重量損失（左図）と 7 時間浸漬した後の表面観察結果（右図）。

3.2.2 研究成果

開発した合金組成は、Fe–16Cr–3W–1C–2Cu (mass%)であり、オーステナイトが安定となる温度域から焼入れることでマルテンサイト組織を得ることができる。また、マルテンサイト組織の内部にはナノスケールの炭化物が均一微細に形成するため、既存材と同等以上の高硬度（ビッカース高度 800 以上）を得ることができる。一方、開発合金の耐食性を評価のため、PPS 樹脂の射出成形を模擬した硫酸水溶液中での浸漬試験を行った（図 20）。比較のために作製した Cu 無添加合金（比較鋼）では マトリックスが著しく溶解し、特に焼入れ後には微細な炭化物が多量に形成するため、著しい耐食性の低下が観察された。これに対し、Cu を添加した合金（開発鋼）では一桁以上腐食速度が低く、焼入れ後も鋳造材（as-cast）と同等の優れた耐食性が維持されることが明らかになった。この理由として、炭化物強化鋼の腐食反応は炭化物とマトリックスがマイクロ腐食セルを形成し、両相の電位差を駆動力としマトリックスが溶解することにより進行する。しかしながら、Cu 添加合金（開発鋼）では腐食環境において腐食反応の進行とともに合金元素の選択的溶出が起こり、標準電極電位が他の合金元素に比べて高い Cu は溶出せず（デアロイング）、表面にナノオーダーの厚さの Cu 皮膜層として濃化することにより腐食反応の駆動力が減少するためと考えられる。

さらに、株式会社エイワおよび岩手大学との共同研究により、量産用の真空溶解炉・熱間鍛造加工設備を用いて試作した開発合金からスクリューを作製し、GF-PPS 樹脂射出成形の実機試験を行った。その結果、開発合金製の スクリューが既存のスクリューに比べて 2 倍以上の耐久性を有することを実証した。

本研究開発では、炭化物強化マルテンサイト鋼の課題であった耐食性を Cu の微量添加により解決するとともに、耐食性劣化の原因となるマイクロ腐食セル形成を回避する世界初となる現象を見出すことができた。硫酸水溶液だけでなく、種々の腐食環境下で使用可能な新規な鉄系材料の開発に成功した。また、従来材は粉末冶金法により製造されており、高コストな製造法であったが、本開発合金の製造法は量産性の高い溶解・鍛造による製造プロセスであるため、従来材よりも大幅に製造コストの低減を図ることが可能であり、射出成形装置部材をはじめ、腐食摩耗が課題となる化学、エネルギー、半導体等の様々な分野への広範な応用が期待できる。
以上は、耐食性と耐摩耗性を兼ね備えた鉄鋼材料の新たな材料設計指針として有用な知見であり、射出成形機金属部材だけでなく、化学・エネルギー分野において幅広い応用が期待される。
本研究成果は、科学技術振興機構(JST)研究成果最適展開支援プログラム(A-STEP)「ステージII（シーズ育成タイプ）」「GF-PPS 樹脂成形用部品に適合した高耐食・耐摩耗新合金開発」を通して得られた成果であり、2019 年 8 月 27 日 (英国時間 10:00) に nature のパートナージャーナルである npj Materials Degradation 誌にオンライン掲載された。

3.3 国産電子ビーム積層造形装置開発に関する研究

3.3.1. 技術研究組合次世代 3D 積層造形技術総合開発機構(TRAFAM)について

海外メーカー製の EBM 積層造形装置を用いた研究を進めるのと平行して，世界最高性能の国産金属積層造形装置開発を目指して経済産業省が主導する技術研究組合次世代 3D 積層造形技術総合開発機構（Technology Research Association for Future Additive Manufacturing: TRAFAM）に参画（図 21 参照）し、装置開発の研究も展開してきた。装置ユーザー企業、国立研究法人産総研、大学で構成されており、各社，各所が TRAFAM の分室として位置づけられている（図 22)。東北大学先端材料研究開発センター(MaSC)には、筆者をプロジェクトリーダーとする電子ビーム式積層造形装置開発の拠点としての役割を担う、東北大学仙台分室が設置されている。当分室には TRAFAM 多田電気尼崎分室で開発された電子ビーム積層造形装置が設置されている(図 23)。同装置は、プロジェクトの要素技術研究機と位置づけられ、電子ビーム積層造形中に発現する様々な物理現象（原料粉末の流動、堆積、電子ビーム-粉末粒子相互作用，粉末粒子の溶融・融合・凝固，熱膨張・収縮等）を解明し、造形条件の最適化技術を確立して、市場投入を目指して TRAFAM で開発されている大型高速の積層造形装置での造形レシピづくりのための基礎的データの蓄積と解析を進めた。基礎データの解析の為には種々の物性データが必要となる。なかでも特に重要でありながら文献値がなく計算による推定が困難である粉末の電気伝導度を測定するための装置（図 24）も独自に開発・作製して、種々の積層造形用合金粉末の電気伝導率の測定を行っている。これまでに、同じ粒度範囲で分級されたInconel 718合金ガスアトマイズ粉であっても，粒度分布や粒子形状が異なると電気伝導度が大きく異なること等を見出し、これらの合金粉末の性質の違いにより最適な造形条件が変わり得ることを示した．また、金属粉末にめっきを施して粉末の電気抵抗を低減させることで、電子ビーム式の積層造形をレーザー式のものと差別化する重要な因子である粉末の予備加熱の温度を低温側に拡張し、組織制御の自由度を広げられることを示した.また、同要素技術研究機を用いて，電子ビームの出力や走査速度と造形物の性状との関係の評価のための試料や複雑形状の造形性能を評価するためのラティス構造やメッシュボールの造形にも成功し、2019年度末に目標達成に向けたデータの蓄積とその解析を進めた。

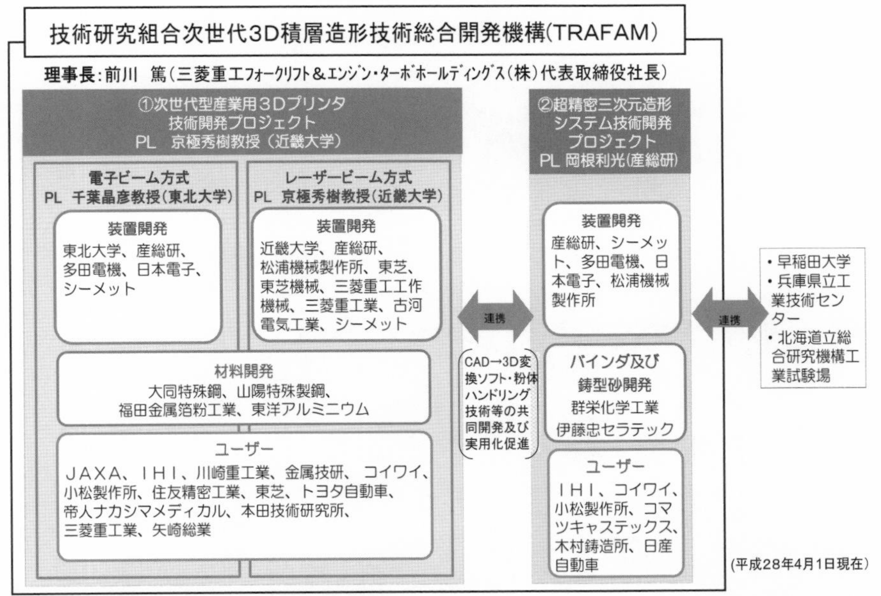

図 21 技術研究組合次世代 3D 積層造形技術総合開発機構（Technology Research Association for Future Additive Manufacturing: TRAFAM）の体制.

以上の様な同要素技術研究機を用いて、電子ビームの出力や走査速度と造形物の性状との関係の評価ための試料や複雑形状の造形性能を評価するためのラティス構造やメッシュボールの造形にも成功し、2019年度末にはプロジェクトの目標を達成することができた。2019年度からは新たに、2023年度までの5年間のプロジェクトとして、TRAFAMプロジェクト「積層造形部品開発の効率化のための基盤技術開発事業」を実施している。

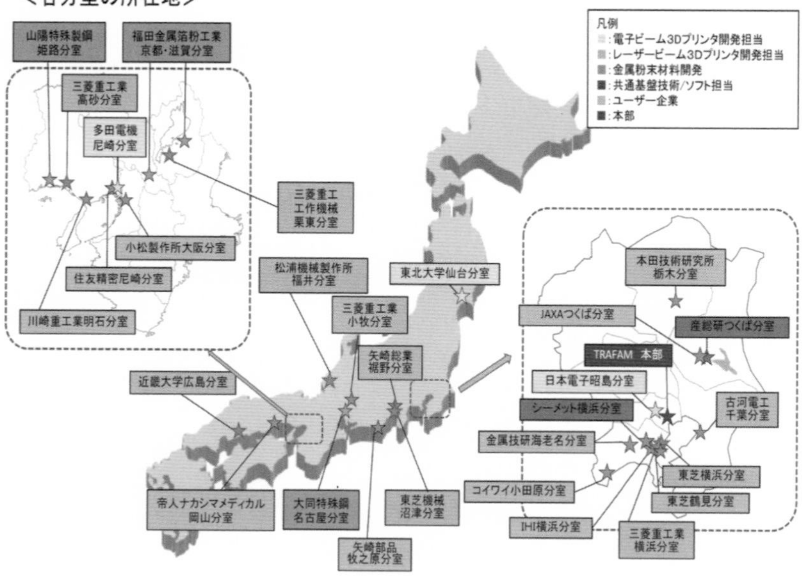

＜各分室の所在地＞

凡例
:電子ビーム3Dプリンタ開発担当
:レーザービーム3Dプリンタ開発担当
:金属粉末材料開発
:共通基盤技術/ソフト担当
:ユーザー企業
:本部

山陽特殊製鋼 姫路分室
福田金属箔粉工業 京都・滋賀分室
三菱重工業 高砂分室
多田電機 尼崎分室
三菱重工 工作機械 栗東分室
小松製作所大阪分室
住友精密尼崎分室
川崎重工業明石分室
松浦機械製作所 福井分室
東北大学仙台分室
三菱重工業 小牧分室
矢崎総業 裾野分室
近畿大学広島分室
帝人ナカシマメディカル 岡山分室
大同特殊鋼 名古屋分室
矢崎部品 牧之原分室
東芝機械 沼津分室
本田技術研究所 栃木分室
JAXAつくば分室
産総研つくば分室
TRAFAM 本部
日本電子昭島分室
シーメット横浜分室
古河電工 千葉分室
金属技研海老名分室
コイワイ小田原分室
東芝横浜分室
東芝鶴見分室
IHI横浜分室
三菱重工業 横浜分室

図 22 TRAFAM 各分室の所在地

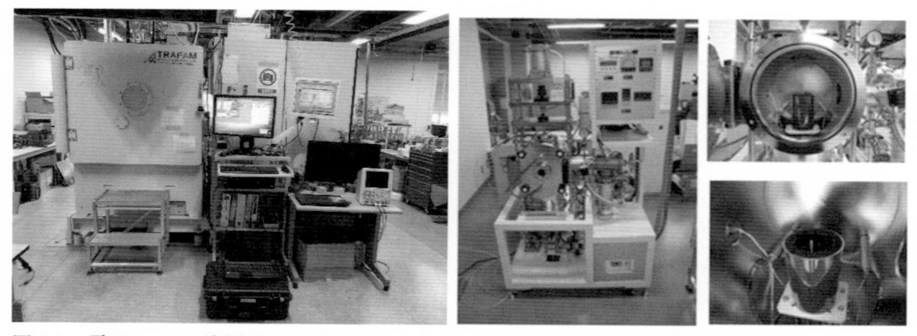

図 23　電子ビーム積層造形要素技術研究機　図 24　粉末電気抵抗測定装置

II－6　ペロブスカイト太陽電池

桐蔭横浜大学医用工学部
特任教授 宮坂力、教授 池上和志

1. ペロブスカイト太陽電池技術の概要

「ペロブスカイト太陽電池」ときいて、いったいどのような太陽電池を思い浮かべるであろうか。太陽電池について考えるとき、その太陽電池に使われている物質や構造、発電原理まで想像が及ぶことは少ない。それでも、メガソーラーとよばれる太陽光発電所や、最近ではカーボンニュートラルやSDGsの掛け声のもとで、太陽電池が経済活動の中で、重要な役割をはたしていくだろうことは、共通認識として拡がっている。現在主流の太陽電池はシリコン太陽電池である。ここでのシリコンは、元素記号がSiの半導体であり、急速に進むIoT化、AIの活用、オンラインを主軸とする仮想空間の構築の波の中で、その需給が国家のあり方にも影響している。さらに、自動車の電動化は、電池のみならず半導体の必要性がクローズアップされた。コロナ後の世界を見据えて、かつてなく、エネルギーや電力への関心が高まっている。

そのため、シリコンを原料としない太陽電池の開発は、待ったなしの状況といえる。シリコン太陽電池産業は、かつては、日本がその世界シェアの大部分を占めていた。ところが、特に中国を中心とした大量生産による低コスト化により、世界中に普及する一方で、日本国内においては、シリコン太陽電池の製造から撤退する企業も相次ぎ、まさに太陽電池産業の構造改革が世界規模で進んでいる。このように停滞しているともいえる日本の太陽電池業界の中で、世界の太陽電池研究のゲームチェンジャーとして登場したのが、このペロブスカイト太陽電池である。

ペロブスカイト太陽電池は、ペロブスカイト構造をとる物質を光吸収層として用いる太陽電池の総称である。街中で目にする太陽電池の代表はシリコン太陽電池であり、これは、光吸収層として半導体であるシリコンを用いている。そのため、ペロブスカイト太陽電池が、ペロブスカイトという化合物そのものが使われている太陽電池と混同しやすい。ペロブスカイトとは、化学組成が$CaTiO_3$（チタン酸カルシウム）である鉱石の名称であり、$CaTiO_3$の組成式を一般化してABX_3で表し、同じ結晶構造をもつ化合物を総称してペロブスカイトとよんでいる。そのため、一般的にペロブスカイト太陽電池とよばれるのは、ABX_3型構造をもつ物質を光吸収層として用いる太陽電池のことである。

ABX_3型の組成式である化合物のうち、ハロゲン化鉛系の物質、たとえば、$CH_3NH_3PbI_3$（ヨウ化鉛メチルアンモニウム、$MAPbI_3$とも略される）は、可視光に吸収をもつ物質として知られていた。これを世界で初めて太陽電池に応用したのが、筆者らの研究グループである。ペロブスカイト太陽電池の研究にとりかかった当時、筆者らの研究グループでは、プラスチック基板を用いる色素増感型太陽電池の製造を目指すベンチャー企業を設立し、研究を進めていた。色素増感太陽電池は、光吸収層として有機色素や金属錯体を用いて塗布方式で作製する新型太陽電池である。新しい技術の実用化には、最終的には経済性の評価も必要になる。その観点で、筆者らの研究グループでは、企業出身の研究者も含め、さまざまな部材と製造方法についての検証を進めていた。その中で太陽電池の光吸収層として見いだされた材料の一つがペロブスカイト型構造をもつ、$CH_3NH_3PbI_3$ だったわけである。太陽電池材料として見出した $CH_3NH_3PbI_3$ は、光吸収特性が高いだけでなく、半導体としての電子移動度やホール移動度といった特性がすぐれていることも明らかとなってきた。そのため、トランジスタや発光ダイオードの研究へも波及し、まさにシリコンに代わる材料としての注目も集まる。

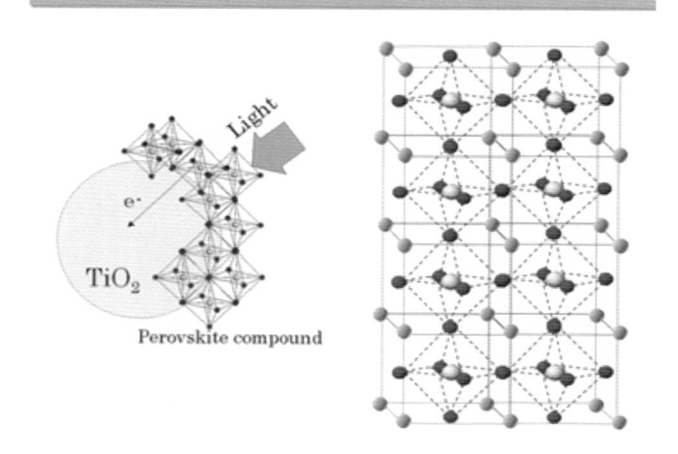

筆者らの研究グループは、ペロブスカイト太陽電池を、世界で初めて発表した研究室であるため、研究開始の当初は、ペロブスカイト太陽電池研究のハブとして機能した。そのことが、2012 年 9 月以降からはじまるペロブスカイト太陽電池研究の急速な進展につながり、筆者（宮坂）は、2017 年のクラリベイトアナリティクス引用栄誉賞を受賞するきっかけとなった。

ペロブスカイト太陽電池の技術的な一番大きな特長は、良質な半導体結晶を印刷法で成膜できることにある。ペロブスカイト太陽電池に用いる化合物群は、イオン結晶なので、高極性の溶媒に溶解する。そのようにして調製した前駆体溶液を、印刷法により塗布すると、光吸収能をもつ半導体膜を成膜できる。これまでに研究されていたどの太陽電池よりも、材料の使用量が少なく、しかも短時間で成膜できる。例えばインクジェット法などの既存の印刷技術でも製造できることが、注目される点である。さらに、半導体膜の成膜と乾燥温度は、約１００℃でよく、太陽電池をプラスチック基板の上に印刷できるため、軽量フレキシブル太陽電池の製造にも注目が集まる。

発電性能の特長は、低照度においても発電が可能であること、さらに、高い開放電圧を維持できることである。シリコン太陽電池をはじめとする既存の太陽電池は、太陽光下では発電効率が高い一方で、例えば屋内光などの低照度条件では、開放電圧の低下により、十分な発電ができない。ペロブスカイト太陽電池は、太陽光下でシリコン太陽電池に匹敵するエネルギー変換効率で発電するだけでなく、屋内光下でも発電効率が高い。このことは、今後爆発的な普及が予測される IoT センサー用の電源として用いるという、期待もきわめて高い。これらの特長が、ペロブスカイト太陽電池の世界的な研究活動の原動力となっている。

現在、ペロブスカイト太陽電池は、ヨーロッパ、中国での実用化にむけた動きが進んでいる。特に、筆者（宮坂）とともに、2012 年に Science 誌に世界ではじめて変換効率 10%を超えるペロブスカイト太陽電池を発表したオックスフォード大学の Henry Snaith 博士は、いち早くベンチャー企業である Oxford PV を設立し、実用化に向けた動きを加速している。ポーランドに拠点をもつ Saule Technologies は、インクジェット法による大面積モジュールの製造にも成功し、すでに BIPV（太陽電池を組み込んだ建築）の実証も進めている。Saule Technologies の太陽電池モジュールは、日本のハウステンボス内の変なホテルの中庭にもみることができる（2020 年現在）。中国においても大型投資によるペロブスカイト太陽電池の製造工場の設立の動きが盛んである。

日本国内では、京都大学教授の若宮博士が、ペロブスカイト太陽電池の実用化を目指して 2018 年にエネコートテクノロジーズを設立した。筆者らも 2004 年に設立したペクセル・テクノロジーズ社で、ペロブスカイト太陽電池の関連部材の研究開発を進めている。

ペロブスカイト太陽電池の研究開発は、上記のようにモジュールを製造できる技術水準まで高まっているが、実用化に向けてはまだ解決しなければならない課題や基礎研究のテーマがある。その一つが、ペロブスカイト化合物そのものの特性の解明である。前述したとおり、ペロブスカイト太陽電池は、$CH_3NH_3PbI_3$（ヨウ化鉛メチルアンモニウム）のようなイオン結晶を光吸収層として用いるが、変換効率を高めるため、また、実用化に向けては色を制御する目的で、ABX_3 の化合物の組合せをかえる研究も行われている。ところが、このようなイオン結晶は、電圧印加時にはイオンの移動の可能性なども指摘されており、従来のシリコン太陽電池の発電挙動とは大きく異なっている。シリコン太陽電池の発電効率の測定方法は、JIS 等でも規定されている。しかし、ペロブスカイト太陽電池の発電挙動については、現在でも基礎研究が進められている状況である。実用化にむけては、発電効率の測定法の標準化の検証も必要である。

また、環境面、健康面からの使用する化学物質の安全性に対する配慮も忘れてはならない。発電効率が高い代表的なペロブスカイト化合物では、$CH_3NH_3PbI_3$（ヨウ化鉛メチルアンモニウム）をはじめとして、化学組成として鉛 Pb が含まれている。鉛は、身近な金属で、さまざまな用途があるが、人体への摂取による鉛中毒の原因となるなど、その毒性により、さまざまな疾病を引き起こすことが知られている。鉛は人体に蓄積することもあり、健康被害をさけるための、使用量の削減、ならびに、製造環境の配慮もきわめて重要である。そのため、ペロブスカイト太陽電池の実用化に向けては、さまざまな側面からの議論が、産官学が連携した取り組みが行われている。

日本国内における開発状況を簡単にまとめる。ペロブスカイト太陽電池の母体となった色素増感太陽電池をはじめ印刷塗布型太陽電池の研究開発が産官学連携で 2000 年代初頭から進められてきた実績がある。そのため、ペロブスカイト太陽電池の研究は、すでにモジュールの試作も進んでいるため、実用化に向けた環境は、その基盤ができつつある。国外では、ペロブスカイト太陽電池モジュールの製造はベンチャー企業が中心であるため、動画サイトで製造ラインが公開されるなど、成果のアピールに積極的である。その点、大企業がモジュール開発の中心である日本とは、研究成果の広報の面での温度差はある。しかしながら、そのことを考慮しても、日本のペロブスカイト太陽電池の技術水準は、国外と比較してもきわめて高いレベルであることは間違いない。実用化に向けた国内の市場環境の醸成がさらに求められるが、日本国内の研究としては、ペロブスカイト太陽電池の基礎研究また、鉛フリー型など市場が求める太陽電池の開発にも注力している。

2．研究室の研究テーマと研究内容

ペロブスカイト太陽電池の研究の着想は、ハロゲン化鉛系ペロブスカイ化合物の特異な光物性に基づく。光物性とは、物質がもつ光の吸収特性や発光特性であり、物質が織りなす色を作り出す性質と関係する。人間が視覚的に感じる色は、400 nm から 800 nm の波長の電磁波であり、網膜に存在する視細胞が光の波長を電気刺激に変換し、脳で認識される。視覚は、光エネルギーを電気刺激に変換する現象とも説明できる。同様に、身の回りの物質は、さまざまな形で光と相互作用をしており、光の吸収、反射、散乱現象ならびに、発光を通じて、人間に知覚される。また、このことは、光エネルギーを電気エネルギーに変換する現象にも関係する。植物の光合成は、葉に含まれる色素が光エネルギーを吸収し、それを電気エネルギーに変換して、水を電気分解する現象である。つまり、光と色、そして、物質に含まれる電子のふるまいを理解することは、太陽電池の研究開発と密接に関係する。光合成の原理はまさに太陽電池といえる。

筆者らの研究室では、光合成細菌にふくまれるバクテリオロドプシンを用いた網膜センサーの研究ならびに初期のリチウムイオン電池の開発の経験の知見から、プラスチックフィルムを用いる色素増感太陽電池の開発にいち早く成功した。さらに、このプラスチックフィルムを用いる色素増感型太陽電池を実用化するための、ベンチャー企業の設立を通じた産学連携プロジェクトの中で、新型太陽電池に関わる多くの人材と、情報が集約することとなった。この人材と情報が、光吸収効率が極めて高いハロゲン化鉛系ペロブスカイトの太陽電池への応用につながった。

太陽電池の変換効率はどのようにあらわせるであろうか。太陽電池の変換効率は、太陽電池が吸収した光のエネルギーと出力エネルギーの比である。このとき、光エネルギー、また電気エネルギーの単位はジュール[J]であるが、実用的には一秒間あたりのエネルギーである仕事率（単位 J/s)であるワット[W]を用いて計算する。エネルギー変換効率 η は、η[%]=１００×（太陽電池の最大出力[W])/(太陽光の放射照度[W])であらわされる。基準となる太陽光の照度は、1000 W/m^2 であるため、変換効率が 20%の 1m^2 のパネルサイズの太陽電池は、基準となる太陽光照度のものとでは、200W 出力することになる。太陽電池の出力の中身をもう少し詳しくみてみると、電気の仕事率[W]は、電流[A] と 電圧[V]の積で表される。この関係からわかることは、太陽電池の変換効率を向上させる研究は、いかに電流と電圧を高めるかということにつながる。この電流と電圧を高める研究の流れの中に、きわめて光の吸収効率が高いハロゲン化鉛系ペロブスカイト化合物が登場したわけである。

光電変換が、光エネルギーを電気エネルギーに変換する現象であることは説明したが、太陽電池の出力を高める方法の一つは出力する電流値を高くすることである。電流値は、吸収された光子の数に比例する。そのため、太陽電池の研究において、光の吸収効率を高めることは極めて重要である。それでは、光吸収効率が高いとはどのようなことであろうか。コーヒーの色を思い出すとよいかもしれない。濃いコーヒーでは、カップの底は見えないが、薄いコーヒーではカップの底がみえる。また、薄いコーヒーであっても、カップになみなみ注ぐと底はみえなくなる。このコーヒーの説明で、光吸収に関わる３つの大切な要素を示したい。それは、色素の光の吸収能力、濃度、色素の量である。色素はそれぞれ固有の光の吸収能力が決まっている。ある媒質の中を光が通過するとき（コーヒーの例ではカップに注いだお湯を通過するとき）色素の光の吸収能力×濃度×色素の量が大きければ、光は完全に吸収され、小さければ、光は透過する。太陽電池において、出力する電流値を高くするためには、色素の光の吸収能力×濃度×色素の量の積を大きくしたいわけである。このとき、最も効率がよいのは、光の吸収能力の高い色素を用いることであり、光の吸収能力が高い色素を用いれば、使用量を少なくできる。

筆者らの研究室では、従来型のシリコン太陽電池にかわる塗布型で作製可能な色素増感太陽電池の研究を進めていた。色素増感太陽電池での重要な構成要素である酸化チタン電極の低温成膜法にも成功し、ロール・ツー・ロール法によるプロセスを提案してきた。色素増感太陽電池では、光を吸収する色素として、金属錯体色素の一種であるルテニウム錯体色素が用いられてきた。ルテニウム錯体色素を用いて、十分な電流値をえるためには、色素層の厚みは、少なくとも 10μm が必要である。10μm は、薄いように感じられるかもしれないが、厚みは電気抵抗につながるため、薄くすることが好ましい。そのため、筆者らの研究室においても光吸収効率の高い色素材料の探索を進めてきた。その中で見出されたのが、有機無機ハイブリット型のペロブスカイト化合物である。光吸収能力を比較すると、たとえば代表的なペロブスカイト $CH_3NH_3PbI_3$ では、一般的な色素増感太陽電池用の色素よりも 10 倍高い。これは、太陽電池の光吸収層の厚みを１０μm から、１μm に薄くできることであり、太陽電池効率向上にも有利である。
ペロブスカイト太陽電池の研究では、この光吸収層となるペロブスカイト層を、1μmの厚みで均一に欠陥がないように塗布することが課題である。筆者らの研究室においても、このペロブスカイト層の均一塗布の方法は、基本的な研究として重視している。そのため、広く行われているスピンコート法だけでなく、実用化を見据えてインクジェット法の研究もいち早く取り組んできた。ハロゲン化鉛系ペロブスカイトはイオン結晶であり、結晶の熟成方法の良否が変換効率を決める。そのため、前駆体溶液を塗布する成膜方法から溶媒への溶解度差を活かした成膜法などさまざまな研究課題がある。そのほかにも、導電性基板、電子輸送層、ホール輸送層、電極、封止法、セル設計など、研究課題は多岐にわたる。
最近では、鉛の毒性への懸念に対応するため、非鉛系ペロブスカイト太陽電池の開発に注力している。鉛 Pb をスズ Sn に置き換えるスズ系ペロブスカイトだけでなく、非鉛系ペロブスカイトで扱う化合物は、ペロブスカイト型ではないが、周辺の銀 Ag やビスマス Bi を組み合わせた材料系の研究を進めている。これらは、変換効率の点では改善の余地が非常に大きいが、非鉛系による効率向上は、この新型太陽電池の普及のためには欠かせない。非鉛系ペロブスカイトの研究は、太陽電池の発電原理や材料科学の研究に対して、あらためて注目を集めているきっかともなっている。その点からも、ペロブスカイト太陽電池の研究は、学術的な貢献も高い。
ペロブスカイト太陽電池に用いられる発電材料の特性には解明するべき課題も多く、また実用化に向けては実際に太陽電池で駆動するデバイスとの組合せによる耐久性の向上も必要である。筆者らの研究室の取り組みは、世界の研究の潮流の先頭に立っており、実用化に向けては消費者が安心して受け入れられる製品につながる研究成果を生み出している。
ペロブスカイト太陽電池の期待される応用分野は IoT 機器の電源である。カーボンニュートラルの実現に向けては、再生可能エネルギーによる創エネだけでなく、大幅な省エネが必要である。そのために、温度や湿度、最近では、生活環境のモニタのための二酸化炭素の計測にも関心が集まる。これらのセンサーの電源としてペロブスカイト太陽電池を用いることで、乾電池などの交換が必要ない電源レスのワイヤレスネットワークの構築が可能となる。建物等の適切な温湿度管理、入退室の管理等はエアコンや照明の使用の最適化は、大幅な省エネ効果をもたらす。さらに、このような電源レスのワイヤレスセンサーは、農業分野、災害監視などにも応用できる。これまでも、シリコン太陽電池を用いた同様のセンサーは作られてきたが、低照度環境で変換効率の高いペロブスカイト太陽電池は、このような用途には適している。印刷で作製できる光センサーとなるため、基板に組み込み型の照度センサーともなり、現在広く用いられているシリコン、あるいは CdS を用いるセンサーに置き換えた高感度光センサーとしての応用もある。そのため、筆者らの研究室では、小型光電変換素子を効率よく製造するための、ペロブスカイト用インクジェットプリンタの研究開発を、世界に先駆けて実施している。

ペロブスカイト太陽電池の実用化は、上記のようなIoT用電源が先行することが見込まれるが、もちろん、電気自動車用、あるいは家庭用の電源としての応用もある。樹脂フィルムに印刷できる特長から、カーポートの屋根、戸建てのベランダの屋根や目隠し等を太陽電池にする応用や、さらに、ブラインドのように室内に設置する太陽電池も提案できる。

筆者らの研究グループで想定しているペロブスカイト太陽電池の応用に、宇宙用太陽電池がある。人工衛星をはじめとする宇宙機も当然ながら動力源が必要であり，宇宙では燃料供給ができないために、自立的に発電する太陽電池は欠かせないデバイスである。限られた重量と体積の中で，効率よく電力を生み出すためには、超高効率太陽電池が必須である。ペロブスカイト太陽電池を薄型軽量のフレキシブル基板上に製造することができれば，巻物状にして打ち上げロケットに搭載し、宇宙空間で展開して使うなどの用途も広がる。また、ペロブスカイト太陽電池の低照度でも高効率で発電できる特長は、太陽から離れた惑星探査でも有用な電源として利用できる期待が高まる。宇宙空間での使用は耐熱性や耐寒性などの温度変化に対する耐久性、紫外線などの光耐久性のみならず、電子線や陽子線といった高エネルギー放射線への耐久性である。宇宙環境により太陽が劣化するのは、それらの高エネルギー荷電粒子が照射されることで生じる欠陥によりキャリア再結合中心が形成されてキャリア寿命が短くなることだといわれている。そこで，筆者らの研究グループではペロブスカイト太陽電池に対して、電子線および陽子線の照射実験を行い、その照射前後での電流電圧特性および分光感度スペクトルの測定などから耐久性を評価した。その結果，ペロブスカイト太陽電池は既存の宇宙用太陽電池と比較して高エネルギー荷電粒子に対する耐久性が高いことが明らかにした。このような結果を踏まえ、宇宙用太陽電池として使用する材料や構造の検討を進めている。

このように、ペロブスカイト太陽電池は、IoT センサーなどの屋内用だけでなく、宇宙用まで含めた応用分野が想定されている。従来型のシリコン太陽電池はその実用化から約 60 年となるが，ペロブスカイト太陽電池の登場は、その太陽電池の応用範囲をさらに広げている、その価値を高め、研究成果の応用は、ますます多様化している。カーボンニュートラルを目指す社会に貢献する技術開発の 1 つがペロブスカイト太陽電池であり、筆者らの研究グループが、そのトップランナーであることを自負している。

３．産官学の連携状況

（１）省力化・自動化システムを備えたペロブスカイト太陽電池製造及び評価装置の開発

①研究期間

平成 31 年度～令和 3 年度

②研究機関

神奈川県産業技術総合研究所、桐蔭横浜大学、ペクセル・テクノロジーズ株式会社、アステラテック株式会社

③研究内容

ペロブスカイト太陽電池の成膜では、特に、光発電層であるペロブスカイト層の成膜は湿度等の周辺環境に大きく依存する。さらに、アンチソルベント法を呼ばれるスピンコートによる前駆体溶液の回転中に、ペロブスカイトの貧溶媒を滴下する手法が広く使わるが、このタイミング等は個人差がでるために、研究開発の足かせとなっていた。そのため、一般的なドラフトチャンバー内に設置できるドライボックス内に、小型スピンコータと自動マイクロピペット滴下装置を備えた塗布装置を一から設計して試作し、ペロブスカイト塗布を自動化した。マイクロピペットの滴下を、リモコン操作に置き換えたことにより、成膜作業の歩留まりが向上した。さらに、専用の耐溶剤性ドライボックスにより、スピンコートの成膜条件の湿度を５％以下まで低下させることができた。従来、ペロブスカイト太陽電池の作製には、ドライルーム等の設備が必要であったが、これを、実験室のドライルームに設置できる製品を設計し、検証実験まで行った。ペロブスカイト膜の成膜では、目視では基板の色が変化するタイミングがある。そのため、この変化の情報を数値化し、エネルギー変換効率との相関を研究している。現在、これらの成果により、ペロブスカイト太陽電池用製造用の自動化スピンコータとしてだけなく、有機ＥＬなどの成膜に低湿度環境が必要な研究開発支援に向けた装置としての製品化を進めている。令和４年度には、初号機の発売の見込みである。

（２）高効率・低コスト・軽量薄膜ペロブスカイト太陽電池デバイスの高耐久化開発

①研究期間

2017 年 10 月～2020 年 10 月

②研究機関

JAXA、桐蔭横浜大学、兵庫県立大学、ペクセル・テクノロジーズ株式会社、株式会社リコー、紀州技研工業株式会社

③研究内容

ペロブスカイト太陽電池は、低照度でも２０％以上の高変換効率を維持できる特長がある。ただし、温度や湿気・光に対する耐久性の低さが大きな課題であり実用化に至っていない。このテーマでは、IoT 社会におけるセンシング機器等の供給電源を主な適用先として、低照度の光に対して高い変換効率を持ちながら、高い耐久性を有す

る軽量・薄膜型のペロブスカイト太陽電池モジュールの開発を目指している。そのために、放射線耐久性の向上に向けた研究、また、軽量薄膜ペロブスカイト太陽電池を気球応用に向けた検証を進めた。

IoT 向けの電源としての応用に向けた性能は達成しているが、宇宙応用に向けた光耐久性、温度サイクルに対する耐久性の向上など、さらに検証が必要な課題が残っている。

4．国際交流の状況

筆者らの研究室は、色素増感太陽電池、ペロブスカイト太陽電池に関して人材交流は盛んである。ペロブスカイト太陽電池の大きな発展も、本学と英国オックスフォード大学の共同研究から始まった。この共同研究では、学生をそれぞれ交換で派遣し、人的ネットワークが広がった。

台湾の台湾清華大学、台湾大学から大学院生を受け入れ、その中からは台湾国内で教授として活躍する人材を輩出し、現在も人的交流が盛んである。2020 年度、2021 年度はコロナ禍のため受け入れを停止したが、台湾の夏季休暇を利用した３か月程度の大学院生の受け入れは、ほぼ毎年実施していた。

本学は、小規模の私立大学ではあるが、ペロブスカイト太陽電池を研究テーマとして、インドならびにタイからの博士課程の留学生、また、インドネシアから修士課程の留学生を受け入れた実績がある。

海外からの博士研究員や、短期滞在者を含め、常に外国人が研究室に滞在している。ＪＳＴの二国間連携事業では、イタリア、ロシア共同研究も進め、2021 年度はインドとの共同研究も開始した。

上記のように、筆者らの研究活動は、国際交流、提携により進められている。しかしながら、太陽電池の研究開発は、各国のエネルギー政策に密接に関わる分野であり、貿易管理令その他の規制に対する配慮が重要であることは否めない。そのため、太陽電池の製造のそのものに関わる技術の保護と、基礎研究の発展へのバランスが、国際交流、人的交流に求められる。

エネルギー問題は人類共通の課題であり、国際交流を積極的に進めることは、世界的な枠組み作りの中に我が国が率先して大きな役割を果たすことにもつながると考えている。

たとえば、「３.産学連携の状況」で説明した自動化スピンコータは、国際交流の中から着想をえたものである。ペロブスカイト太陽電池の成膜には、低湿度環境が必要であるが、研究室に訪問する研究者から話をきくと、台湾、インド、インドネシア、タイなどでは、日本以上に湿度が高く、十分な成膜環境を低コストで維持することが難しいことが課題としてあげられた。上記のような国での研究開発に貢献する製品を開発することで、研究活動をさらに活性化し、世界的なペロブスカイト太陽電池の技術ベースの底上げにつながると考えた。このような、アカデミックな研究ベースでの交流は、筆者らの研究室では重視している。

本研究室で研究を進めた外国人博士研究員には、海外でペロブスカイト太陽電池を開発する企業の研究員となるケースもある。博士研究員の研究成果の帰属や、秘密保持に関する事項などに関する国際的なルールの周知も必要ではある。博士研究員をはじめとする研究員としての立場に対する日本人と外国人の意識の違いが、人的交流の妨げになることもありうる。ただし、人類共通の課題に取り組むためにも、国際交流は重要であり、さまざまな外国人研究者との共同研究を進めることで、常に課題に向き合う姿勢が重要である。

Ⅱ－7　レーザー核融合

大阪大学 レーザー科学研究所
教授　村上 匡且

1．レーザー核融合技術の概要

1.1　はじめに

数十億年もの間、太陽はその構成要素である水素を燃料として、核融合反応から生成されるエネルギーを源として燃え続けてきた。太陽表面から宇宙空間へと放射されるエネルギーの一部が地上に降り注ぎ、直接、太陽光発電の源となる。また、太陽光によって、地表に温度差が生じることで大気の循環を生み風力発電を可能とするだけでなく、海洋表面の水分が蒸発し最終的に雨となって山間部に降ることで水力発電をも可能とする。さらには、太古の昔から植物などに蓄積された太陽光エネルギーが最終的に石炭、石油、天然ガスなどの化石燃料へと姿を変える。こうして、我々人類が恩恵をこうむってきた様々かつ膨大な量のエネルギーは本を正せば太陽内部で生成される核融合エネルギーであることがわかる。

地球上での核融合エネルギーは 1951 年に水爆として初めて登場した。以来、科学者達は制御された熱核融合反応を平和利用すべく努力してきた。核融合反応の燃料となる重水素は海水中に半無尽蔵に含まれている。また、既に半世紀以上の稼働実績を持つ核分裂炉（原子力発電）と比べると、核融合炉では高レベル放射性廃棄物が生成されないだけでなく、連鎖反応による暴走の可能性も原理的にあり得ないという長所がある。したがって核融合エネルギーは、我々の文明社会を永続させる上で、半無尽蔵の燃料資源を持つ安全なエネルギー源として極めて有望なエネルギー源であると言える。

1.2　レーザー核融合の原理

1.2.1　核融合反応

核融合反応にも色々とあるが、地上で核融合反応を起こして有効なエネルギーを得ようとする場合、最も近道とされる反応は図１に示すように重水素と三重水素の組み合わせである。それらの混合燃料を５千万度～１億度ほどの超高温に熱して電子と原子核がバラバラとなったプラズマ状態にして両者の核を衝突させることで熱核融合反応が起きる。この衝突によって、重水素・三重水素のペアが中性子とアルファ粒子（ヘリウム原子核）に生まれ変わる。その過程で、もともと水素燃料の中に内在していた核エネルギーが、新たに生成された粒子の運動エネルギーEとして解放されるのである。この際、核融合反応後の中性子とアルファ粒子の質量和は、反応前の重水素と三重水素の質量和よりも、わずかに軽くなっている。この質量差 m こそ、アインシュタインによる $E = mc^2$（c は光速）というよく知られた公式によりエネルギーE と関係付けられるのである。

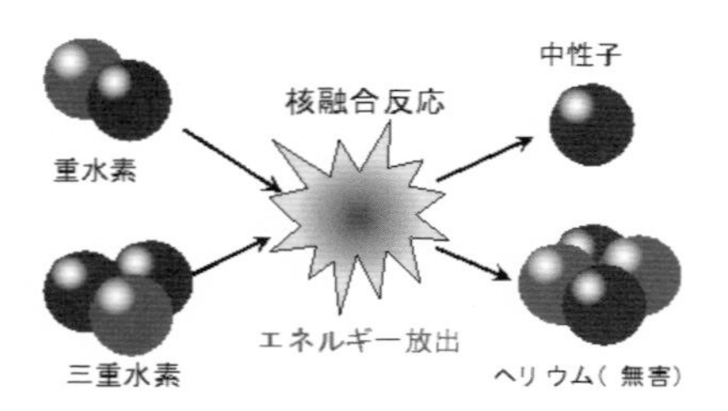

図１　核融合反応

1.2.2　二種の閉じ込め方式

核融合を実現するには、磁場核融合（図２）と慣性核融合(図３)の二方式がある。後者における代表的な方式が本稿の主題でもあるレーザー核融合である。高温プラズマが磁場により閉じ込められる磁場核融合では、現在、トカマク装置に基づいた巨大国際プロジェクトである核融合実験炉 ITER が推進されている。一方、慣性核融合では高出力レーザーなどの短いパルスを微小な燃料ペレットに照射し、燃料の爆縮を駆動し、高密度・高温度を発生させる（詳細は後述)。一般に、慣性核融合方式の方が、レーザーなどのエネルギーが炉の外部から伝搬され照射される形で運転されるので、分離性が高く、したがって炉設計に大きな自由度がある。加えて、慣性核融合では、磁場核融合におけるプラズマ閉じ込めのための重厚長大な磁場コイルを必要としないだけでなく、炉の真空度に対する要求度が相対的に低く、結果として炉の内壁を核反応生成物から守るための内部ブランケットに液体金属を使用できる。これらは慣性核融合方式における特筆すべき点である。

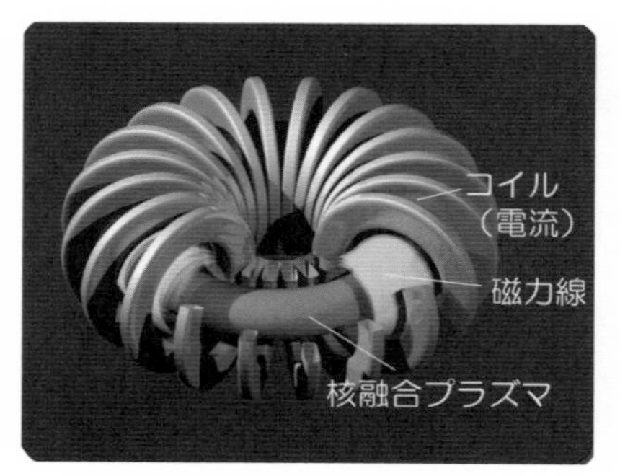

図２　磁場核融合炉

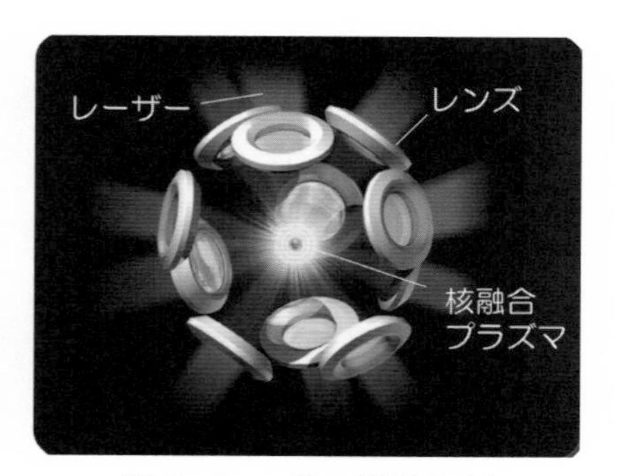

図３　レーザー核融合炉

1.2.3　異なる点火方式

レーザー核融合の方式にもいくつかある。1960 年代から現在に至るまで最も長く研究されているのが「中心点火」と呼ばれる方式である（図４）。重水素・三重水素の混合核融合燃料は、プラスチックなどでできた球状容器の内面に固相（氷）の状態でセットされる。この数ミリサイズの球状ターゲット（ペレットと呼ばれる）を四方八方からレーザービームを照射すると、照射表面は数千万度にまで加熱され、高温プラズマが超高速で外側に噴出・膨張する。その反作用で、ロケットの原理と同様に、ペイロードの部分にあたる内部の固体燃料部は、球対称性を保ちながら中心部へと加速される（爆縮）。爆縮する燃料の速度は秒速 300〜400 km にも達し、中心で激突する。このとき、燃料の持っていた運動エネルギーは、熱核融合に必要とされる５千万度ほどの温度の熱エネルギーに変換される。燃料は、加熱されると同時に、固体密度の３千倍程度にまで「圧縮」される。こうして燃料が効率よく圧縮・加熱されると一気に核融合反応率が高まる。これを「点火」と呼ぶ。

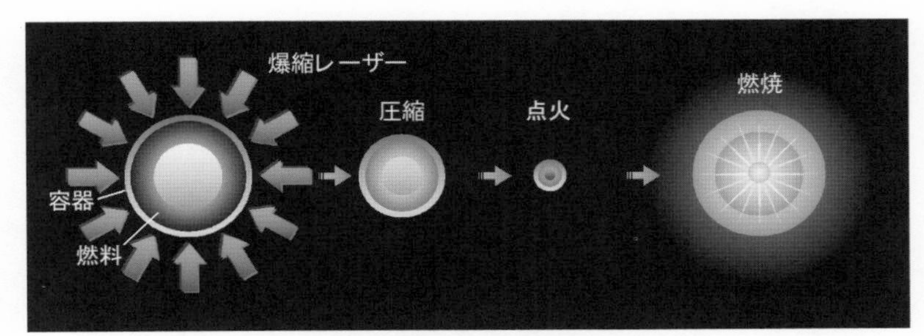

図４　中心点火の原理図

レーザー核融合が将来のエネルギー源として機能するには、点火した後、核融合燃料が効率よく燃え広がる必要がある。もし燃料の総量が少なく圧縮密度も低い場合、せっかく核融合反応で生成されたアルファ粒子は、そのまま外部に逃げていき、燃料の効率的燃焼は期待できない。その反対に、最大圧縮時に、圧縮燃料の差し渡し距離に含有される総粒子数がある閾値を越すと、正電荷を持つアルファ粒子は周辺の荷電粒子群との相互作用により急制動がかかり、結果として自身が持つ運動エネルギーを局所的な熱エネルギーに変換することで、核燃焼が燃え広がることになる。これをアルファ粒子による自己加熱という。

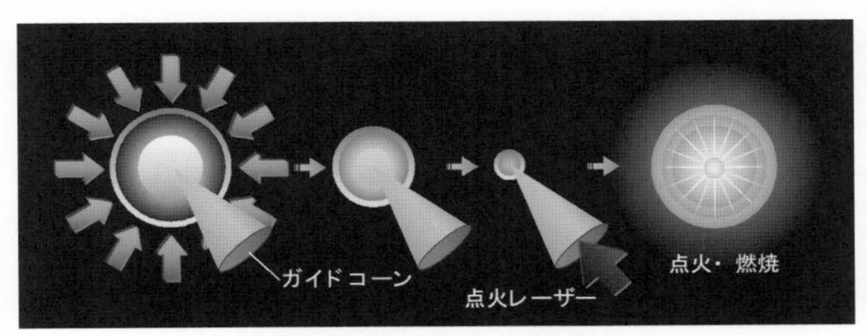

図５　高速点火の原理図

1970年代初頭から研究が進められていた中心点火方式では、流体不安定性のために燃料の高密度圧縮が困難となり、結果的に点火燃焼の実現も難しいと見る向きがあった。中心点火方式に内在するそうした問題を克服すべく、1980年代中葉、第二の点火方式として我が国（大阪大学）から提案されたのが図5に示される「高速点火」という方式である。これは中心点火ターゲットに中空のコーンガイドを挿入し、主燃料が爆縮し最大圧縮に到達したタイミングで超短パルスレーザーを照射するというものである。中心点火では「自己圧縮」の効果によって自力で点火温度に到達させようとするのに対して、高速点火では超短パルスレーザー照射によって生成された大量の高エネルギー電子を使って外部から別途、核融合燃料を強制的に加熱するのである。換言すると、高速点火では中心点火ほどの高い爆縮一様性を必要とせず、その分、高い圧縮密度に対して要請される閾値が低くなるので、設計が容易となる。

2005年、我が国（大阪大学）から第3の点火方式である「衝撃点火」と呼ばれる革新的な点火方式が提案された（図6）。その原理は至ってシンプルで、圧縮された主燃料部に対して外部から別の燃料小片(インパ゜クター)を秒速千km という超高速で激突させることにより、インパクターの運動エネルギーを直接、核融合に必要な5千万度に匹敵する熱エネルギーに変換することで点火を起こそうというものである。この方式の難関は、如何にして従来の三倍以上もの爆縮速度である秒速1000km を達成するかにかかっていたが、2010年、阪大と米国NRL国立研究所との共同実験により、史上初めて、高密度に圧縮された物体の秒速1000km という超高速が実証された。現在、衝撃点火は我が国独自の方式として継続的に研究が推進されている。

図6　衝撃点火の原理図

1.3　レーザー核融合発電

将来期待されるレーザー核融合発電炉においては、1個の燃料ペレットに与る1サイクル分のエネルギーの流れは次のようなものである。数mm サイズの燃料ペレットに30～100本程度のレーザービームを四方八方から照射し、爆縮・圧縮・点火・燃焼という一連の核融合反応の過程を通じ、投入エネルギーの数百倍の余剰エネルギーが生成される。この時、1サイクルの投入エネルギーは数百万ジュール程度であり（おおよそビールジョッキ一杯に含有される化学エネルギーに相当）、核融合反応によって生み出されるエネルギーは投入エネルギーの数百倍に相当する 10 億ジュール程度となる。このエネルギーはTNT火薬250 kgの爆発エネルギーに匹敵する。生成されるエネルギーの8割が中性子として放出され、残りの2割がアルファ粒子（ヘリウム原子核）などの荷電粒子やX線として放出される。いわばミクロンサイズの太陽が爆発する現象と言って良い。

この制御された形でのミクロンサイズの太陽爆発を1秒間に数十回繰り返し、出てきたエネルギーを電力に変換するのがレーザー核融合発電である。一回ごとに炉の中心で起こるマイクロ爆発の爆風を受け止め、中性子線などの放射線を熱エネルギーに変換する容器が核融合炉の本体を成す。この容器から取り出される熱エネルギーは蒸気タービンにより電気エネルギーに変換される（図7）。熱エネルギーを電気エネルギーに変換し、その一部を使ってレーザーを運転し、そのレーザービームが再び炉容器中の燃料ペレットに照射することで核融合反応を駆動する、という循環がレーザー核融合発電のベースとなる。さらに、一部の電気エネルギーは発電所の運転にも使われ、残りが外部（一般家庭など）に送電される。

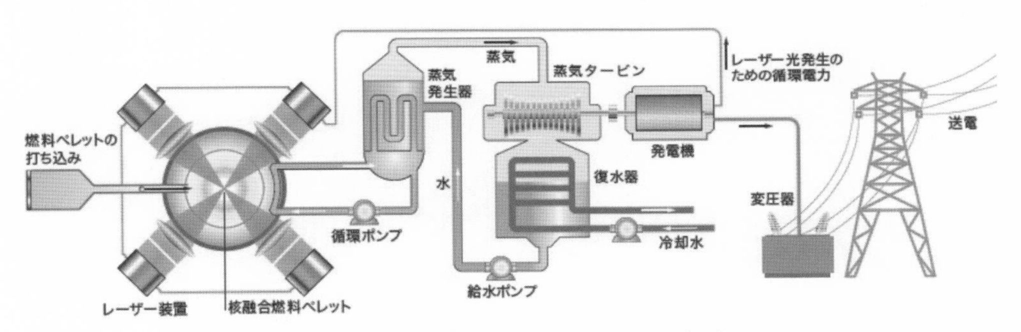

図7　レーザー核融合発電システムの概念図

1.4　世界のレーザー核融合研究の現状

現在、レーザー核融合研究は、米中日英仏露といった国々で研究されており、その先頭を走っているのが米国である。ローレンス・リバモア国立研究所（Lawrence Livermore National Laboratory: LLNL）を筆頭に全米に広がる国立研究所や大学、企業など極めて暑い研究者層による多様な研究で、精力的に研究が進められている。LLNL には世界最大のレーザー核融合実験施設である国立点火施設 NIF（National Ignition Facility）がある（図8）。NIF は、国際宇宙ステーション計画以降では世界最大級の研究プロジェクトと言われ、十有余年の建造期間と 35 億ドルもの巨費を投じ2009年に完成した。NIF で使用される特殊なターゲットはホーラム（独語で空洞を意味する）ターゲットと呼ばれ（図 9）円筒内部に球状の燃料ペレットが置かれた構造となっている。総本数 192 にも及ぶレーザービームは束ねられ円筒の両端から入射される（図 10）。レーザーに照射された円筒内面からは強力な X 線が放射され、この X 線が間接的に燃料ペレットを爆縮させることから間接照射爆縮と呼ばれる。このターゲットの長所は爆縮一様性が非常に高いことである。米国は、過去半世紀に渡り間接照射爆縮によるレーザー核融合の点火実証を根気強く且つ連綿と行なってきた。つい最近(2020 年)開催された国際原子力機関(IAEA)主催の会合の場において、NIF による点火実証が目前に迫っている旨の報告があったことは特筆に値する。仮に、米国が NIF による点火実証という人類がかつて成し得なかった偉業を達成すれば、それは将来の核融合エネルギー開発に対する大きなマイルストーンとなるだけでなく、基礎科学、応用科学、そして社会的な価値観そのものにさえ大きなインパクトを与え得ることが予想される。

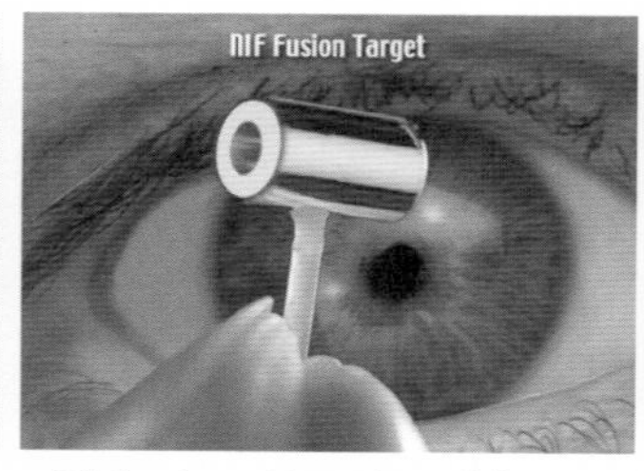

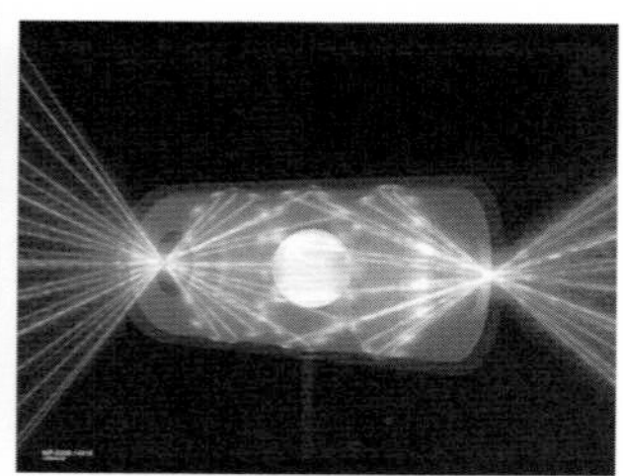

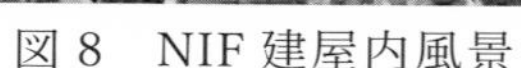

図 8　NIF 建屋内風景　図 9 ホーラムターゲット　図 10 間接駆動爆縮

我が国においては、現在、レーザー核融合の実験的研究を行なっているのは大阪大学レーザー科学研究所（レーザー研）のみである。1980 年代、同研究所は世界に先駆けて 1013 個のレーザー核融合中性子数の生成や固体密度の千倍圧縮などを実験的に観測するなど、レーザー核融合史に残る大きな布石を残した。1990 年代以降は、米国との圧倒的な研究人口・研究予算等の差から、高速点火という一点突破型の研究を集約的に継続している。現在、阪大レーザー研は米国 LLNL やロチェスター大学などの研究機関と密接に連携し「NIF 点火実証その後」を見据えた国際共同研究を戦略的に展開している。

中国のレーザー核融合研究の進展に関しては、２１世紀に入って以後、少なくとも過去１０年間、目覚ましいものがある。綿陽・上海には大型かつ最先端のレーザー施設があり独自の戦略に沿ったレーザー核融合プログラムが走っている。同国におけるレーザー開発技術は近年急伸しており、質・量ともに世界レベルとなりつつある。肝心のターゲット設計の独自性・独創性や実験物理的ノウハウ等の面においては未だ米国の後塵を拝しているのが現状である。しかし、世界に先駆けて１０ペタワットレーザーを完成させただけでなく今度は１００ペタワットレーザー建設に向けて邁進しており、レーザー核融合研究を含む基礎科学の分野において野心的に歩を進めようとしている。

１.５　米国立点火施設によるレーザー核融合の実質ブレークイーブン達成とその意義

2021年8月8日、米国ローレンスリバモア国立研究所（LLNL）にある国立点火施設（NIF）における実験で、1.3メガジュールを越す核融合反応エネルギーの生成が確認された（図１１参照)。NIFが有するレーザーエネルギーは1.9メガジュールであるから、そのエネルギーの約7割に相当するエネルギーが核融合反応によって生み出されたことになる。ちなみに１.9メガジュールと言うエネルギーは、重さ１トンの自動車が時速222キロメートルの速度で走っている場合の全運動エネルギーに等しい。投入されるレーザーエネルギーと放出される核融合エネルギーが、ほぼバランスすることをブレークイーブンと呼び、過去半世紀にわたって世界中のレーザー核融合研究者が実現させようとしてきた大きな一里塚である。今回のNIF実験成果は実質的なブレークイーブンであり、人類がレーザー核融合点火と将来のレーザー核融合エネルギーの獲得に向け大きな一歩を踏み出したことを意味している。

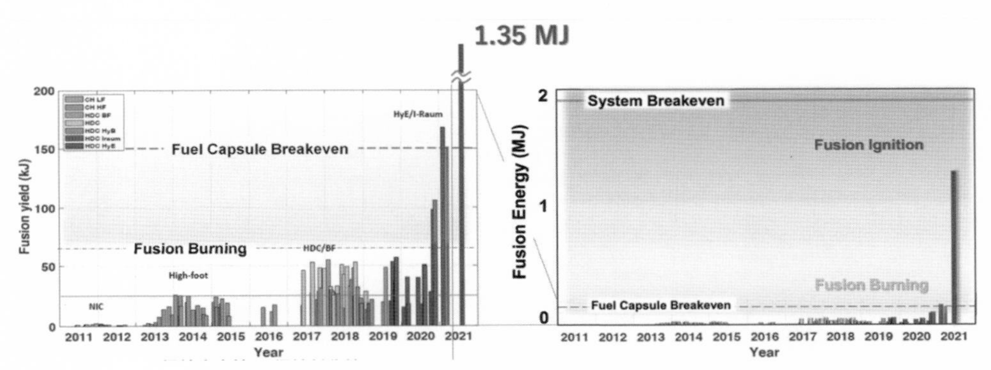

図 11. NIFにおける核融合出力の変遷
（A. Zylstra、於IAEA核融合エネルギー会議, 2021）

今回の実験では、フットボール競技場３つ分のサイズに匹敵する巨大レーザ施設NIFにおいて、約2メガジュールの総エネルギーを持つ192本のレーザービームが、ミリメートルサイズのホーラム（ドイツ語で空洞を意味する）と呼ばれる特殊構造を持つ核融合燃料ターゲットに集光された。レーザー照射直後の10億分の１秒という極短時間内に燃料は爆縮し、その最終段階で毛髪の断面程度のサイズを持つホットスポットを生成する。そのホットスポット内は１億度・100億気圧という極限的な超高温・超高圧の燃料プラズマで満たされる。今回、人類がかつて実現し得なかったそうした極限状態を実現し、その結果として、初めて1.3メガジュールを超える核融合出力が得られたのである。

2011年頃のNIF実験当初においては、核融合出力（中性子＋α粒子）はわずかに数キロジュールのみであったが、その後、レーザー技術、燃料技術、ターゲット設計、プラズマ診断などの飛躍的な技術改良と高精度化を行うことで2015年には25キロジュール、2019年には56キロジュールと着実に核融合出力の更新を重ねてきた。今回の成果を得るにあたり、スーパーコンピューターを駆使して従来のターゲット設計に新たなコンセプトを導入し、レーザー照射の精緻さとプラズマ制御レベルを格段に向上させたことが大きく功を奏した旨の報告がリバモア側からあった。

一般的に、科学技術には陽（平和利用）と陰（軍事利用）の相反する関係がある。レーザー核融合技術も例外ではない。例えばNIFには、国家安全保障、エネルギー開発、公開された基礎科学、教育・国際協力と言う陰と陽が混在する4つのミッションがある。この点、完全平和目的の基礎科学研究の展開を図ろうとするスタンスの我が国とは一線を画しているが、言うまでもなく、NIFを通じた日米国際共同研究は基礎科学の部分に的を絞ったものとなっている。例えば、リバモアと大阪大学との間で2019年に締結されたMOU (Memorandum of Understanding;覚書)においては、レーザー核融合の点火燃焼基礎物理に関して国際協力を進めることとなっている。そして今後の日米協力を通じて、太陽中心部に匹敵する極限状態を実験室で生成したNIFを活用することで、超新星爆発やブラックホールに代表される宇宙物理の他にもプラズマ物理、物質科学、原子物理といった種々の基礎学術領域において、未踏物理の解明という役割を世界に先駆けて果たしてゆくことが期待されている。

近い将来、レーザー核融合で点火を達成することは、科学的にも前例のないブレークスルーであり、人類にとって新たな無限のクリーンエネルギー源につながる可能性を持っている。このように、２１世紀のゼロカーボン・カーボンニュートラル戦略においてレーザー核融合が極めて重要な役割を果たすことが予想される中、今後の海外との競争と協力のあり方を見据え、早急に我が国独自の核融合エネルギー戦略・技術開発を進めることが必要である。ただ、レーザー核融合のような将来の経済だけでなく社会の価値観さえ変えてしまうようなビッグサイエンスは、一国だけの枠内で成就できるものではなく、緊密かつ実質的な国際協力が極めて重要と思われる。

太陽エネルギーの源泉である核融合反応には核分裂反応のような暴走は原理的にあり得ないし、二酸化炭素も出さず、燃料となる重水素は海水中に半無尽蔵に含有されている。にもかかわらず、核融合研究は、その研究当初より「核と名のつくものはとにかく危険だから、そんな研究などやめてしまえ」といったヒステリックな声を一部の人達から投げかけられ続けてきた。それは「ぶつかるから車に乗らない。堕ちるから飛行機に乗らない」という論理にも似ている。クリーンな自然エネルギーだけで今の我々の日常生活と経済レベルを問題なく維持できるとは誰も思わないはずである。科学技術にも陰と陽が存在し、だからこそしっかりとその技術の可能性と限界を見極めることが大切である。リスクと利益のバランスを見誤る事なく、常に冷静に現実的最適解を模索する努力をゆめゆめ忘れてはなるまい。

２．研究室の研究テーマと研究内容

２.１　マイクロバブル爆縮による粒子加速
- 超高密度エネルギー場生成を生かした基礎&応用研究 –

新たな粒子加速機構

図 1．マイクロバブルの概念図

ミクロンサイズのバブル（球状の空洞）を内包する水素化合物の外側から超高強度レーザーを照射すると、バブルが原子サイズにまで収縮した瞬間に超高エネルギーの水素イオン（プロトン）が放射される「マイクロバブル爆縮」という全く新しい粒子加速機構が発見された。この機構では、千億度という超高温の電子がバブル内に充満することで生じた強力なマイナスの静電気力により、正電荷を持つイオンがバブル中心に向かって球対称に加速される。球中心という一種の特異点に無数のイオンが高速で加速し激突する結果、わずか原子数十個を直列にした程度のナノスケールの極小空間内で、固体密度の数十万～百万倍という白色矮星※１内部にも匹敵する高密度圧縮※２が原理的に可能となる。本研究成果により、星の内部や宇宙を飛び交う高エネルギー粒子の起源といった長大な時空スケールにおける未解明の宇宙物理の解明に貢献するだけでなく、将来的には核融合反応によるコンパクトな中性子線源等として医療・産業への応用研究にも貢献することが期待される。

応用１　全く新たな THz 源から、プロトントモグラフィー、γ 線レンズまで

バブルサイズをコントロールすることにより、発生するプロトンビームのエネルギーを調整することができる。さらに、バブル爆縮で得られる高エネルギーのプロトンをリチウムやベリリウムに照射することでコンパクトな中性子源としても期待することができる。こうして得られるプロトンや中性子は、多種多様な産業応用、例えば燃料電池開発におけるプロトントモグラフィーとして、あるいは様々な機器や構造物に対する非破壊検査等としても使うことができる。また数百 MeV というエネルギープロトンを使えば癌治療も応用対象となる。さらに、シュインガー電界の約１％の超高電場生成可能なバブル爆縮を使えばγ線レンズの開発も見込まれる。バブル爆縮の最大圧縮時に放射される電磁波はテラヘルツ帯に対応することから、コンパクトかつ高効率 THz（テラヘルツ）光源開発も可能である。

応用２　新物質創生のための全く新たなツールとして

バブル爆縮の現象を使うと、角砂糖大の重さが 100kg 以上という、白色矮星内部に匹敵する前人未踏の超高密度にまで物質を圧縮することが原理的に可能となる。このような超高密度を地上で実現し得る方法は現在のところマイクロバブル爆縮以外にない。そのインパクトは、単に基礎物理分野に止まらず、例えば、新しい材料機能を持つ人工ダイヤ開発といった新物質創生への展開が期待される。

2.2　ナノサイズの水クラスター・クーロン爆発とその応用
- デブリフリーのコンパクト中性子源開発 –

水クラスターを使ったクーロン爆発

ナノスケールの水分子クラスターをノズル先端から噴霧し、これを超短・超高強度レーザーで照射すると（図１）、まず電子が瞬時に遠方に吹き飛ばされ、残された正電荷を持つ酸素イオンと水素イオン（プロトン）が、ほぼ球対称に加速される。これがクーロン爆発と呼ばれるものである（図２）。最近の理論およびシミュレーションの研究から、２種イオンの混合した固体でのクーロン爆発を考えるとき、軽い方のイオン（今の場合プロトン）が最もエネルギー効率の高い状態で加速される条件は、イオンの質量数と電離度の組み合わせから決定され、水分子は理論的な最適解に近いクーロン爆発を起こすことが見出された。実際に、100 - 200 ナノメートルの直径の水クラスター噴霧に超高強度レーザーを照射したところ、1.5 MeV（メガエレクトロンボルト）にエネルギーピークを持つ準単色のプロトンビームが初めて観測された。理論的には、吸収エネルギーからプロトンに分配されるエネルギー効率は２０～３０％と極めて高い。加えてエネルギー幅はピークエネルギーのわずか１０％以下に抑えられる。こうして、水滴のサイズとレーザー強度を調整することでデブリフリーのプロトン源システムを構築することが可能となる。

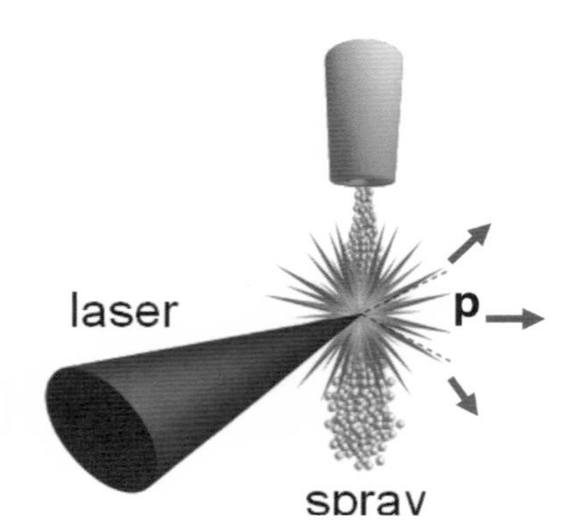

図１．クーロン爆発を使ったプロトンビーム生成の全体像

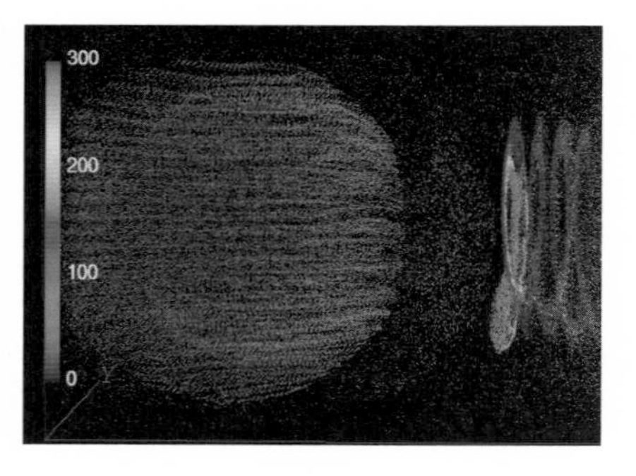

図２．クーロン爆発の様子を描いた三次元シミュレーション

応用１　コンパクトなレーザー中性子源の開発

上記のような手法で水クラスターから得られるメガエレクトロンボルト級のエネルギーを持つプロトン源は、エネルギー効率は高いが、球状にプロトンが放射されるため指向性の観点において効率に問題がある。しかし、図３のようにプロトン源の周りにリチウムやベリリウムを配置することで、核反応により中性子を生成することが可能であり、原子炉で得られる

中性子に比べるとずっと低いエネルギーでコンパクトな中性子源として開発すれば様々な応用に供することが期待される。

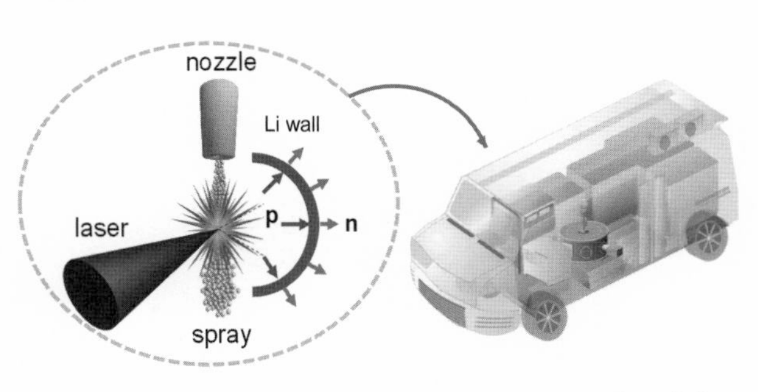

図３．クーロン爆発を使ったプロトンビーム生成の全体

応用２　BNCT など医療応用のための中性子源として

左記のように、水分子のサイズを調整することで、必要なエネルギー帯のプロトンが得られ、これを使ってリチウムに照射すると、吸熱反応であることから、数百 keV 程度の中性子束を得ることができる。これらのエネルギーは比較的程エネルギーであることから、必要とされるモデレーターの厚みは高々数 cm 程度に収めることができ、将来的には携帯用レーザー生成中性子源として様々な用途に使うことが期待される。図４は医療応用の一例である。

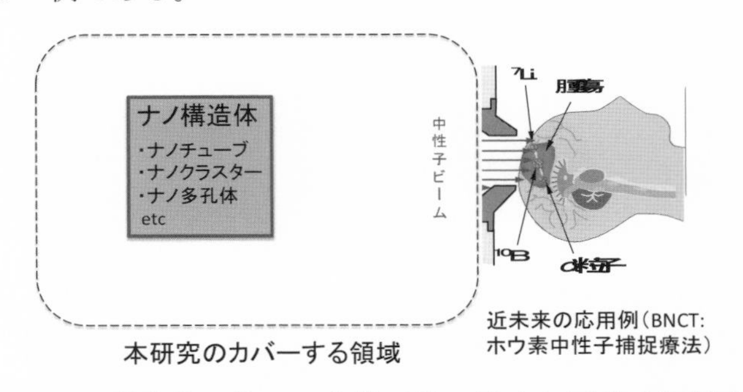

図４．ナノ構造体を使った中性子線の発生と医療応用概念図

2.3　超短・超高強度レーザーとナノ構造体との相互作用
- 高品質プロトンビームの生成と各種応用 -

ナノスケール構造の最適化

超高強度のフェムト秒レーザーを物質に照射すると、瞬時に電子の大半が遠方に吹き飛ばされ、残された正電荷の塊がクーロン反発力で四方に飛散するのがクーロン爆発であるが、特殊な幾何学構造をナノスケールの物質に持たせることにより、レーザーとの相互作用の結果として得られる加速されたイオンに「指向性」と「単色性」を持たせることが可能となる。これによって、様々な分野への応用を考えることができる。

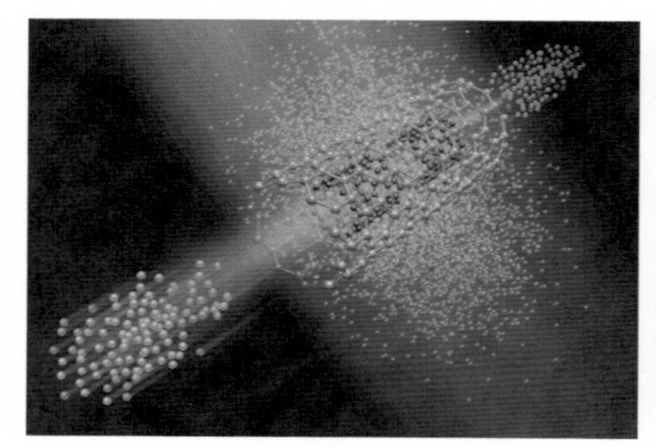
図１　ナノチューブ加速器

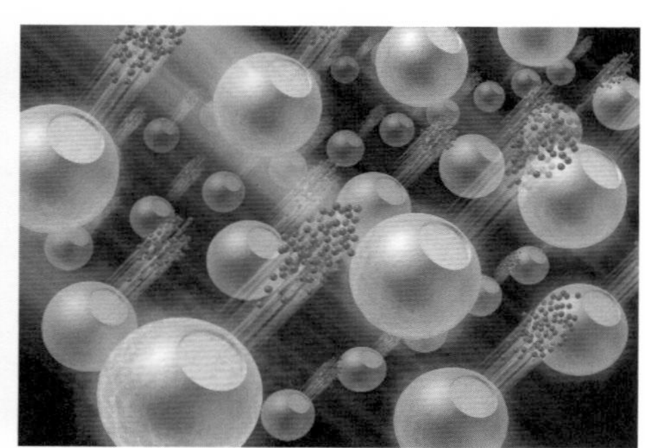
図２　ナノプロトン砲

図１「ナノチューブ加速器」はカーボンナノチューブをベースとしており、チューブ内に水素化合物を充填したものである。長さ５０ミクロン、直径１５ミクロンという微細構造に対する３次元シミュレーションによると、数メガエレクトロン・ボルト(1 MeV は 約百億度)クラスのエネルギーを持った準単色のプロトンビームが得られることがわかっている。

図２「ナノプロトン砲」は、中空のナノスケール球殻の一部に射出口を持たせたナノ構造体であり、この構造を使うことにより、内部に充填された水素化合物のプロトン成分が指向性を持ってビーム状に加速されることがわかっている。加速されるプロトンを全体的にビームとして得るためには、ず１の場合はナノチューブ軸の方向を、図２の場合はナノ球の射出口の方向を、統一配向させて製作する必要がある。したがって今後、こうしたナノ構造体の現実的応用を図る場合は、高精度のナノファブリケーション技術の発展・向上が欠かせない。

応用１　プロトンビームを使った微細加工や描画技術の産業応用

上記のような機構で得られるプロトンビームは出力は低いが指向性･単色性の高いビームパフォーマンスが期待されることから､微細加工やプロトンビーム描画、さらにはプローブとしての応用を考えることができる。ビームの発生・制御に対する技術開発は今後の課題である。

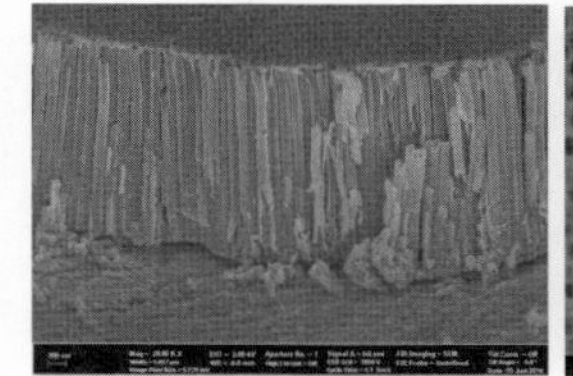
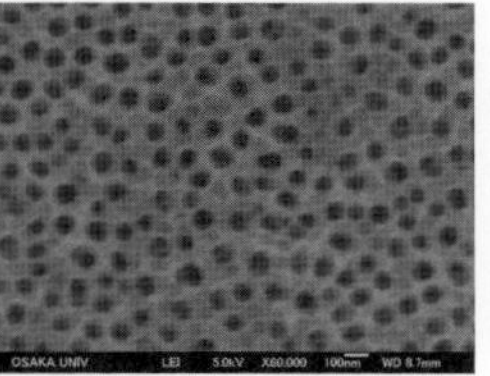

図３ ナノチューブ集合体

図３に示したのは、ナノチューブ加速器の基礎実験に用いた結晶化二酸化チタンを使った中空チューブの集合体ターゲットである。内径 100nm、外径 150nm、軸方向長さ２ミクロンである。それらのチューブが載っている基盤も同材質であるが、近未来的には、材質やナノチューブパラメータなどを振ってプロトンビーム生成に対する最適化を進める必要がある。

応用２　中性子捕捉癌治療など医療応用のための中性子源として

数十フェムト秒のパルス幅を持つ高強度レーザーを 100 ナノメートル程度の中空殻構造を持つプラスチック（炭素＋水素）に照射すると、吸収されたレーザーエネルギーから最終的なプロトンへのエネルギー変換効率は３０％にもおよび、且つ、準単色のエネルギースペクトルを持つことがわかっている（図４）。こうして得られる MeV のエネルギーを持ったプロトンをリチウムやベリリウムに照射すると減速材も少なくコンパクトな中性子源の開発を視野に入れることができる。最新のナノテクを導入することでさらなる高効率化を図ることができる。

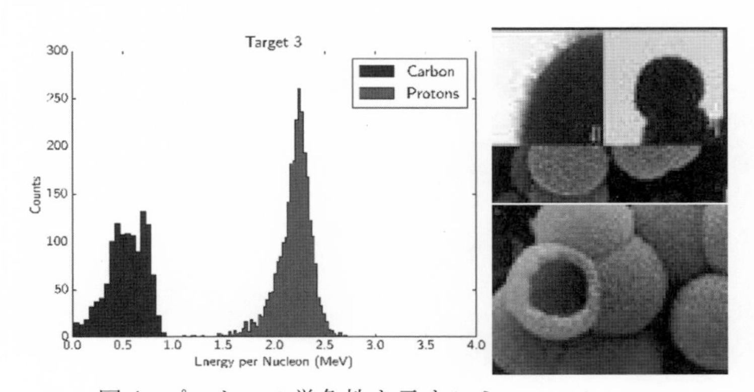

図４ プロトンの単色性を示すシミュレーション

2.4　多次元効果による超高圧・超高密衝撃圧縮
- 未踏の密度 vs 圧力経路を使った物性研究と材料開発 -

曲率制御された衝撃波圧縮

衝撃波の通過によって媒質は圧縮され、その密度圧縮率は幾何形状に強く依存する。平板（1次元）、円筒（2次元）、球（3次元）の順で圧縮密度は高くなってゆくことは良く知られている。では球幾何における圧縮密度が最高かというと実はそうではない。衝撃波が伝播する媒質の幾何形状を制御することで、流体が「仮想的に3次元以上の多次元媒質中にある」かのように振る舞う圧縮を実現することができる（特許第 5846578 号）。加えて衝撃波でありながら「等エントロピー圧縮」のレベルが格段に高いために、通常の衝撃圧縮に比べ、高圧力と高密度の双方を同時に達成することが可能となる。

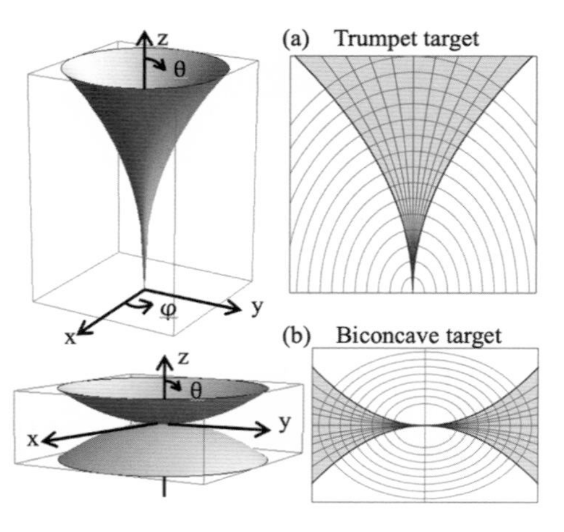

図１　多次元効果を使った超高密圧縮の概念図

応用１　第三の点火方式「衝撃点火」によるコンパクトレーザー核融合

2014 年、"地上におけるプロジェクタイルの最高速度"として秒速 1000km を実験で実証した（ギネス世界一認定）。さらに、漏斗状の中空構造に装填された微小な DT 燃料片を超高速に加速し主燃料 DT プラズマと激突させる「衝撃点火」方式が提案され（特許第 4081029 号）将来のコンパクトなレーザー核融合方式として研究が続けられている。

図２　多次元効果圧縮に基づく衝撃点火の基礎実験でギネス世界記録達成（2014）

応用２　「超高圧＆超高密」を同時達成できるショックチューブの開発

ショックチューブを使って物質を圧縮し、その組成や物性を調べることは基礎物理研究の手段としてだけでなく、新物質創生などの産業応用としても有用な手法と言える。しかし、従来の収束衝撃波を利用したショックチューブの幾何学的構造は円筒・球幾何（円錐）をベースにしたものがほとんどである（それぞれ下図の $\nu = 2, 3$ に対応）。これに対し、$\nu > 3$ となるような曲率制御された衝撃波伝播を可能とするショックチューブを開発することにより、これを新たなツールとした物性研究と材料開発が期待される。

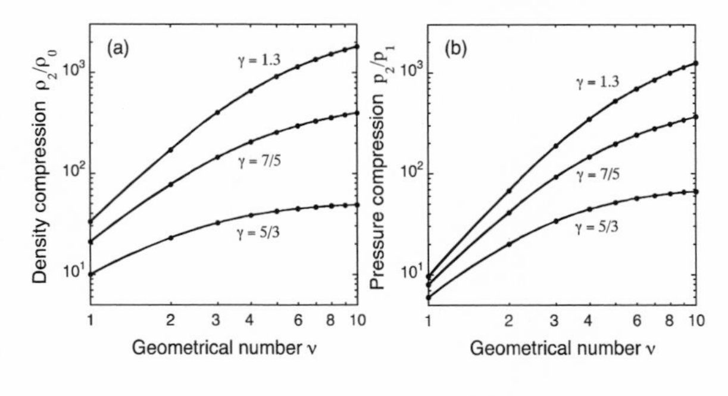

図３ 次元数と圧縮率の関係

３．国際交流の状況

３.１　はじめに

大阪大学レーザー科学研究所では、世界最高水準の先端大型レーザー装置を競争力の核として、様々なレーザー技術を駆使して実現される高エネルギー密度状態の物質科学を国際的な共同利用・共同研究で探究していくためのベースとなる国際連携を推進している。レーザー核融合、宇宙物理、プラズマ物理、レーザー開発、テラヘルツ(THz)波など、光とエネルギーに関わる基礎から応用に至る幅広い領域に関して、国内は元より海外の研究機関とも密接に連携しながら研究を展開している。

３.２　海外連携オフィス設置による戦略的研究展開

国際的なハブ機能強化として、近年、以下５つの海外研究機関に海外連携オフィスを設置している。

(1)ローレンス・リバモア国立研究所（LLNL、米）
大阪大学と LLNL は、基礎科学及び基礎技術分野における学術交流協定を締結し、2017 年 7 月に、学術交流拠点となる大阪大学リバモアオフィスを開所した。新しい協定の下、これまでの実績を発展させると同時に、更に幅広い分野において成果を生み出すことが期待されている。

(2)ヘルムホルツドレスデン機構（HZDR、独）
2020 年 12 月、ドイツ ドレスデンにて、HZDR と大阪大学レーザー科学研究所ならびに量子科学技術研究開発機構 関西光科学研究所との学術交流協定を締結した。パワーレーザー、電子・イオンプラズマ加速、レーザー宇宙物理学、理論・シミュレーションの分野で協力関係を進めることとなった。

(3)ルーマニア欧州極限レーザー研究所
2018 年 3 月、ルーマニアブフカレスト郊外にある欧州機構事業のもとで建設中の極限レーザー核物理研究所と大阪大学レーザー科学研究所との人材交流ならびに共同研究推進を目的にプロトコル締結式が開催された。
(4)エコールポリテクニーク（仏）
(5)ベトナム科学アカデミー 物理研究所

３.３　大学間・部局間協定による研究交流・人材交流

ライス大（米）、イリノイ大（米）、カリフォルニア大サンディエゴ校（米）、アデレード大（豪）、ボルドー大（仏）、ローマ大（伊）、マドリッド工科大（西）、ヘルムホルツ大（独）、フルベイ国立研究所（ルーマニア）、国家研究原子力大（露）、ロシア科学アカデミー（レベデフ研、モスクワ工科物理研）、チェコ科学アカデミー、ベトナム科学アカデミー、南京大（中）、基礎化学研（韓）、国立中央大（台）、マプア大（比）、上海交通大（中）、上海光機所（中）、などを含む海外33機関（令和２年３月現在）と大学間・部局間協定を締結し、国際的な研究交流、人材交流を推進する体制を整備している。

3.4　留学生・海外研究者の受け入れ状況

大阪大学では、教育力・研究力をアップすると共に本学の国際競争力を上げるため、近年、積極的に海外からの留学生や研究者・教員などを受け入れている。統計データによると、阪大全体で2020年現在、外国人留学生2611人、外国人研究者1172人、海外への留学生数1493人、大学間協定134件、部局間協定620件となっている。

本報告者が勤務する大阪大学レーザー科学研究所では、現在、海外からの留学生（主に修士・博士の大学院課程）は、中国、ベトナム、韓国、フィリピン、カザフスタン、ロシア、インドといった主としてアジアを中心とした国々から総計 40 名弱が来日・在籍している。中でも中国からの留学生が過半数を占めている。また、研究者・教員も12名在籍している。

3.5　中国との関係

近年、我が国に去来する中国人留学生数に増加傾向が見られる。しばらく前であれば、韓国・日本を通り越して米国が留学先として人気対象国であったものの、安全保障・貿易・政治的摩擦といった観点から急速に米中の関係が悪化し、留学性の受け入れ自体も厳しくなってきた背景が反映しているものと思われる。このことを我が国として、学術的戦略・科学技術的戦略の観点から、好機として捉えられないか（否か）– 議論の余地は十分ある。

当部局（レーザー科学研究所）は、阪大の中でも、とりわけレーザーなどの光学機器を中心研究対象として取り扱っており、これらは「安全保障輸出管理」の観点から関連性の強い分野でもある。このことから、現在では中国との学術的交流・研究交流・人材交流は、常にダブル・トリプルの多重チェック体制のもとで管理・運営されている。

Ⅱ－８　金ナノ粒子触媒

東京都立大学
特任教授　村山 徹

１．金ナノ粒子触媒研究の概要

金（Au）は長い間，化学的に不活性と見なされていた．これは，紀元前3000年頃とされる古代エジプト文明の遺跡から発掘された金の装飾品を想像したら分かる通り，金は金属光沢を保ったままである．対して鉄や銅は，長い年月の間に錆びてしまう．これは，鉄や銅は金属が酸化されるが，金は酸化されないと言い換えられる．酸化とは金属と酸素が結合を形成することであるので，金は酸素と結合を作らずに酸化されない（酸化されにくい）と言うことができる．科学の言葉では，「化学的に安定である」とか「科学的に不活性（他の分子と結合を形成しない）」と表現する．そのため，現代でも金は装飾品として用いられ，資産価値を有する取引材料としても使用される．

金が化学的に不活性であることは，上記の通り科学に馴染みの無い方はもとより，研究者の間においても共通の理解であった．確かにバルク状の金（金の塊）は，秒や分レベルと言った時間の単位で化学反応を示さない．これはバルク状の金は，パラジウム（Pd）やプラチナ（Pt）とは対照的に，金結晶表面で酸素分子や水素分子を化学吸着または解離できないためである[1]．現代でも多くの教科書では，金は‘金属の金’として用いられるケースが紹介されているのが一般的であろう．しかしながら，1987年に春田(都立大　名誉教授)らは，金をナノ粒子化すると一酸化炭素を無害化する触媒として優れた活性を示すことを世界で初めて報告した[2]．ナノ粒子は，1メートルの10億分の1のサイズであり，研究者は電子顕微鏡によってナノ粒子を観察する．金をナノ粒子化することにより活性が向上した触媒は，周囲の環境が室温であっても金1原子あたり毎秒の時間軸で一酸化炭素の無害化反応を促進した．しかも，貴金属触媒として有名なパラジウムやプラチナと比較しても，金ナノ粒子は高い性能を発揮した．触媒とは，化学反応の反応速度を速める物質であり，自身は‘反応の前後で’変化しない物質のことを言う．すなわち，‘反応中’は化学反応を促進するために，種々の化学物質と結合を作る必要がある．この事実は，金が他の分子と結合を形成せず化学的に不活性であることに矛盾が生じることとなった．また，Hutchings（イギリス）らは，春田らの研究と独立して，同時期にアセチレンから塩化ビニルへの塩化水素化反応に対し，金が触媒作用を示すことを報告した[3]．金が触媒として機能することを示した春田およびHutchingsらの一連の研究は，これまでの既成概念を塗り替えるものであるため，研究者の間でも大きな驚きを持って迎えられた．その後，多くの研究で，金ナノ粒子の有効性が確認され，現在では触媒材料のスクリーニング（材料探索）で金ナノ粒子が‘普通に’用いられるほどに一般化した．春田は，金のナノ粒子研究において優れた研究を実施したとされ，ノーベル賞の登竜門とされるトムソン・ロイター引用栄誉賞を2012年に受賞している．

春田らは，金ナノ粒子触媒の研究を進展させ，一酸化炭素の常温での無害化反応，およびプロピレンからのプロピレンオキサイドの研究を進展させた．同時に，春田らの報告を契機に多くの研究に金ナノ粒子触媒が用いられるようになった．金ナノ粒子触媒の大規模な実用化例は，旭化成による金－酸化ニッケルコアシェル型ナノ粒子触媒によるメタクリル酸メチル（MMA）製造[4]と，Johnson Mattheyによる炭素に担持した金ナノ粒子触媒を用いたアセチレンからの塩化ビニルの製造が挙げられる[5]．旭化成は，金をコアとし，その表面が高酸化型の酸化ニッケルで被覆された状態（コアシェル型）のナノ粒子が，メタクリル酸メチル製造に有効であることを見出した．この技術は，2008年に年産10万トンのメタクリル酸メチル製造プラントにて実用化され，高選択性・高活性・長期触媒寿命等の優れた性能を示し，省エネ・省資源化と，高い経済性を実現した．一方，Hutchingsらによって見出されたアセチレンから塩化ビニルへの塩化水素化の研究は，Johnson Mattheyによって実用化された．現在は，アセチレンからの塩化ビニルの製造には，塩化水銀触媒が用いられており，環境に与える負荷が非常に大きい．また，水俣条約により世界中で塩化水銀を使用するプラントの新規建設が禁止されているため，金ナノ粒子触媒は環境負荷型の現在のプロセスを置き換えようとしている．

研究機関における基礎研究レベルでは，多岐にわたる反応に対し金ナノ粒子触媒が有効であることが報告されている．表1に学術研究の報告をベースに金ナノ粒子触媒反応や応用の報告例をまとめた．金ナノ粒子触媒は，担体と呼ばれる金属酸化物や炭素などに担持して用いられ，その担持量は1重量%以下であるのが一般的である．表1で例えばAu/Cは，金ナノ粒子が炭素に担持された触媒を意味する．列挙した金ナノ粒子触媒は代表的なものであり，学術文献では各々の応用例に対し多岐に渡る金ナノ粒子触媒が提案されている．金ナノ粒子材料の歴史は，他の貴金属ナノ粒子の研究と比較すると歴史が浅いが，今後の研究の発展により，ますます金ナノ粒子触媒の実用化が期待されている．

表 1. 金ナノ粒子と担体の組み合わせと報告された反応の例

化学工業	
Au-Pd/C	水素と酸素からの過酸化水素合成
Au(III)/C	アセチレンの塩化水素化による塩化ビニル合成
Au/Co_3O_4 等	芳香族C-H結合のカップリング反応
$Au\text{-}NiO_x/SiO_2\text{-}Al_2O_3\text{-}MgO$	メタクリル酸メチルの製造
Au/TS-1	水素を用いたプロピレンのエポキシ化
Au/TiO_2, Au/Fe_2O_3, Au/ZrO_2 等	選択的水素化や水素移動反応
Au/C, Au/ZrO_2, Au/Al_2O_3 等	グルコースの液相酸化

Au/NiO, Au/Al_2O_3, Au/CeO_2, Au/MnO_2 等	アルコールやアルデヒドの酸化反応
Au/NiO, Au/ZnO, Au/La_2O_3, Au/MoO_3	エタノールの選択的気相酸化反応
環境・エネルギー分野	
Pd-Au/酸化物	ディーゼル排ガスの浄化
Au/C	燃料電池の電極触媒
Au/CeO_2 等	水性ガスシフト反応による水素生成
Pd on Au, Au/TiO_2	水の浄化
Au/Al_2O_3, Au/TiO_2 等	低温 CO 酸化反応
Au/Nb_2O_5, $Au/NiFe_2O_4$	アンモニアやアミンの選択酸化反応
Au/CeO_2, Au/FeO_x,等	水素リッチ条件での CO 選択酸化反応
その他	
金のプラズモン吸収を利用した色材	
金アマルガム生成による水銀除去	

日本発の科学技術と言える金ナノ粒子触媒研究であるが，今や世界中の研究者によって研究が推進されている．SciFinder という学術論文検索サイトを用いて“gold catalyst or gold catalysis”で検索すると，1987 年の最初の報告から年数の経過と共に報告例が伸び，近年は安定的に 3000 報余りの報告が成されている．これは，プラチナ触媒と同レベルであり，金ナノ粒子が示す豊かな触媒作用が示され，触媒材料と認知されたことを示す．一方，読者も良く知るであろうトップ論文誌である Science および Nature に掲載された金の触媒研究に関する論文数は 2010 年以降に 28 報であった．責任著者の所属国の内訳は，アメリカ 11 報，中国 5 報，イギリス 4 報，ドイツ 3 報であり，日本，スイス，スウェーデン，スペイン，カナダが 1 報ずつであった．Science, Nature が，それぞれアメリカ，イギリスの出版社であることを考慮する必要があるが，中国の報告は 2016 年以降に集中しており，基礎研究における独創的な研究が評価されている．一方，日本は次世代に必要とされる基礎研究の‘次の一手’が出せておらず水をあけられている状態である．筆者も日本の金ナノ粒子触媒研究者の一人として，何とか盛り返したいと思う所存である．

以上の通り，本項では金ナノ粒子触媒研究の概要についてまとめた．金に限らず金属材料を触媒として用いる場合，ナノ粒子としての利用が最も一般的である．これは，ほとんどの触媒反応が表面反応であり，ナノ粒子を形成することで比表面積を大きくし活性点数を多くできるからである．とりわけ貴金属材料は，自然界に豊富に存在する遷移金属元素と比較し，価格的に不利であることが多く，ナノ粒子化により貴金属使用量を最小化できる．一方，金は，金属使用量の削減の観点だけでは無く，触媒活性発現の観点からナノ粒子化が必須である．金ナノ粒子触媒は，コスト高と考えられがちであるが，金を用いた多くの反応での金使用量は，大抵の場合材料に占める重さが 1 重量%以下であり，また実触媒における金の使用量も 1 重量%強いては 0.2 重量%以下が目標とされている．また，使用後の金のリサイクル技術が整っているため，材料費に占める割合および資源的な制約は，さほど問題とならない．金ナノ粒子触媒を用いた触媒反応は，反応温度を低下させ，化学物質変換反応における選択性を高めることに貢献するため，省エネルギー型プロセスに見合う．これは，持続可能な社会の実現を目指す次世代のプロセスに必要な要件と一致する．今後，ますます金ナノ粒子触媒の研究が進展し，社会で実用化されることが望まれる．

2．研究室の研究テーマと研究内容

筆者の所属する東京都立大学では，春田教授(当時)をセンター長として金の化学研究センターを 2012 年に設立した．金ナノ粒子触媒の概要でも述べた通り，20 世紀まで金にはケミストリーが乏しいとされていたが，春田らの 30 余年に渡る研究により，金にも豊かな触媒作用が存在することが明らかになった．バルク（塊）の金は化学的に不活性であるが，直径が 2-5 nm の非常に小さなナノ粒子になると，常温での有害物質の酸化分解，選択的な酸素酸化や水素化による化成品の合成など，環境と調和した化学プロセスの開拓が可能になる．さらに，近年では直径 2 nm 以下のクラスターや，原子 1 つ 1 つを担持することにより，触媒性能が劇的に変化する特異な反応を探索している．金の化学研究センターは，触媒作用以外にも視点を広げ，金の新しい化学を切り拓くという目的で設立され，2020 年 11 月に終了した．その後，東京都立大学における金の研究は，水素エネルギー社会構築推進研究センター(ReHES)に引き継がれ，これまでの研究テーマである「金の科学と環境の化学」と共に，近未来に重要な位置付けとなる「水素の効率的な利用」を目的に深化した研究を行っている．金ナノ粒子触媒においても，CO-PROX(水素リッチ条件における CO の選択酸化，水素製造のプロセスの一部)，WGS(水性ガスシフト反応，水素製造のプロセスの一部)，CO_2 の還元によるメタノール選択合成が報告されており，環境調和型プロセスにおける重要性が注目されている．このように，金クラスターの立体構造解析と表面化学特性，資源・エネルギーを無駄に使わず余計な副産物を作らないシンプルケミストリーを目指した研究を行っている．その具体例を下記に示す．

2.1　金ナノ粒子触媒の新規触媒作用の開拓する基礎研究

金ナノ粒子触媒が発見されてから 30 年余り経過したが，基礎研究レベルではまだまだ解明されていないことが多い．筆者の研究室では，金ナノ粒子触媒材料・触媒作用の新規開拓を行っている．上述の表 1 で示した通り，金ナノ粒子触媒は，ナノ粒子化した金を担体とよばれる材料に担持する．ターゲットとなる反応に対して有効である担体材料は異なるばかりでなく，新しい担体の使用（金ナノ粒子との組み合わせ）は新しい反応の開拓にも結び付く．従って，これまで報告されていない担体材料と金ナノ粒子の組み合わせの研究を実施している.

例えば，固体酸性質を有する金属酸化物（固体酸）は，金ナノ粒子と相性が悪く，これまで金をナノ粒子として担持することが困難であった．これは，現在広く用いられている金ナノ粒子の析出法では，マイナスに帯電した金の前駆体と同じくマイナスに帯電した固体酸表面では静電相互作用が起きないからである．我々は，金の担持方法を見直し，予め 2 nm に調製した金ナノコロイド粒子を利用したコロイド固定化法によって，金ナノ粒子を固体酸に担持する手法を開発した [6, 7]．開発した金ナノ粒子担持固体酸触媒は，金ナノ粒子の触媒作用と担体の固体酸性質の両者を使用できるため，機能の協奏による新しい触媒反応の開拓が期待できる.

2.2　シンプルケミストリーを開拓する基礎研究

化成品合成産業において原料となる化合物 A と B を反応させ目的の化合物 P を製造する場合, A, B と触媒 C を用いて目的の生成物 P に変換するのが理想的である (図 1). しかしながら, 実際は, 助触媒 (触媒の性能を向上させるために添加), 添加剤 (触媒の性能を向上させるために添加するもので，使い捨てねばならないもの）を必要とし，目的の生成物 P だけでなく副生物 Q もできてしまい，分離の必要性がでてしまう．このような複雑な反応をよりシンプルにすることがプロセスにとって理想的と言える．我々は，フタル酸ジメチル（化合物 A）と酸素（化合物 B）から，S-DM（シンメトリーな二量体という意，生成物 P）を得る反応において，金ナノ粒子触媒（触媒 C) を用いることで, 助触媒 D, 添加剤 E を用いることなく, 副生物となる A-DM (アシンメトリーな二量体という意，副生物 Q）の生成を抑え，選択的に目的の生成物を得る反応を開発した. また, 既存の報告では, 溶液に溶けた状態の触媒 (均一系触媒) が使用されていたが，溶液状態の原料に対して固体の触媒（不均一系触媒）を使用することで，触媒と生成物の分離を容易にした．S-DM は，高耐熱性樹脂の原料として用いられる．このように，プロセスをシンプルにする化学反応を開発している [8].

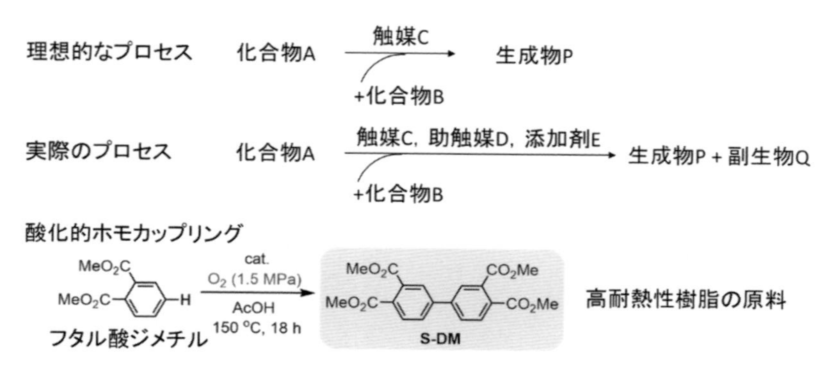

図 1. 化学産業プロセスにおけるシンプルケミストリー概略図と具体例

また，化成品合成産業において化合物を製造する場合，原料となる化合物から多くの化学反応を経て目的の製品に辿り着く.このようなプロセスを多段プロセスと言い，プロセス毎に反応塔，分離塔，精製塔などが必要になる．一方，従来2個以上のプロセスが必要な化学反応を，一つのプロセスで行うことができれば，化成品合成のプロセスが単純となり高い経済性が得られる．このように複雑な化学プロセスを単純化するような反応のことを，ステップエコノミカルな反応と呼ばれ，シンプルケミストリーに分類できる．我々はアルコールからアルデヒドを経てエステルを得る反応において，アルコールから対応するエステルを一回の反応で進行させる触媒を開発している[9]．

2.3　金ナノ粒子触媒の学術領域を広げる基礎研究

金ナノ粒子触媒は，科学の分野のうち化学，とりわけ無機化学や有機化学の分野で発展してきた．我々は化学の垣根を越えて，生物や医学と融合した分野を開拓している（図2)．金ナノ粒子触媒は常温でも作用する特徴を有する．一方，生体内に存在する酵素は体温付近で作用する．両者の作用温度が近いことに着目し，酵素と金ナノ粒子触媒の相乗効果を利用した新しい反応を報告した[10]．また，生体材料であるDNAと金ナノ粒子を利用した新規反応場を開拓する研究や金ナノ粒子触媒のナノメディシンへの応用展開を行っている．ナノメディシンへの応用に関して，金ナノ粒子を用いるとがん細胞の増加を抑制する効果や炎症を抑える効果を見出している[11]．もちろん，これらの結果はいずれも基礎研究レベルであり，実用化には長い道のりが必要であることに留意されたい．

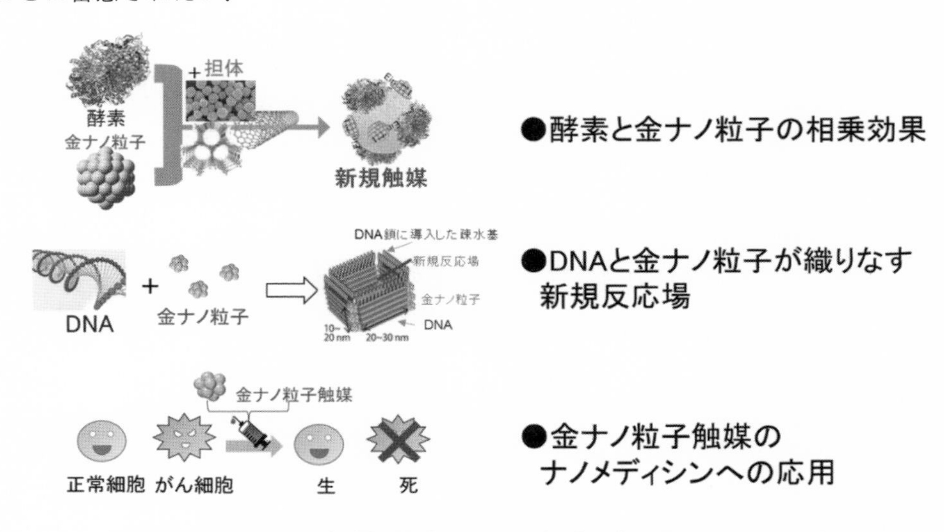

図2．金ナノ粒子触媒の学術領域を広げる基礎研究のテーマ例

2.4　金ナノ粒子触媒の実用化に向けた応用研究

金ナノ粒子触媒の概要にて示した通り，金ナノ粒子触媒は一酸化炭素を常温にて無害化できる非常に優れた性能を有する．この性能を活用して，生活空間の一酸化炭素の無害化を目的とした研究，工場からの排気ガスの浄化用触媒への実用化を目指す研究を企業と共同して実施している．また，金ナノ粒子触媒を用いるとアンモニアを無害化できることを見出した．アンモニアは独特の臭気を有しており，介護病院等の生活空間からアンモニアを除去できるような実用化を目的とした研究を実施している．これらの詳細は，後述の産官学の連携状況で述べる．

3．産官学の連携状況

中国電力株式会社との共同研究では，低温脱硝触媒の開発を実施している．廃棄物および化石燃料を燃焼するボイラーから排出される NOx は，酸性雨や光化学スモッグの原因となる．日本では 1979 年から，大規模ボイラーに NOx 除去装置が導入されており，V_2O_5/TiO_2 触媒が採用されている．この触媒プロセスは日本発の技術であり，これまで約 40 年間大きな変化が無く使い続けられているが，問題点もある．現行の脱硝システムは，ボイラー直下に設置されている(図 3)．これは，脱硝に必要とされる触媒の反応温度が約400°Cと高温なためである．ボイラー直下に設置された触媒は，燃焼物の煤塵の影響を直に受け，触媒寿命の劣化を招き触媒の交換に多額の費用が必要である．脱硝装置を排気ガスプロセスの後段することで，触媒劣化要因を取り除くことが理想であるが，排ガス温度は150°C以下に低下するため，既存の触媒が利用できない．ごみ処理発電においては，触媒寿命の劣化を防ぐため，排ガス処理システムの後段に脱硝システムが設置されている．しかしながら，排気ガスが 100～150°C まで低下するため，触媒が機能せず，熱エネルギーを投入して排気ガスを再加熱している．本来は発電に用いるエネルギーを触媒の性能発揮に回すため，見掛けの CO_2 排出量が多くなり省エネルギーとはならない．我々は，100～150℃で機能する次世代型省エネルギー触媒を開発し，実用化を目指す研究を実施している[12-15]．

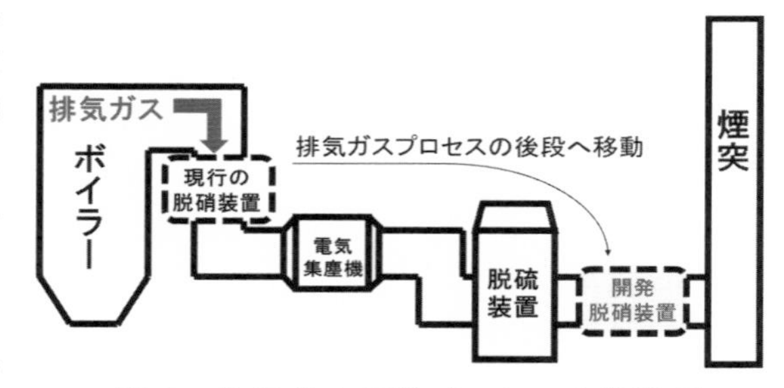

図 3．排気ガス処理プロセスの概略図

株式会社 NBC メッシュテックとの共同研究では，常温でアンモニアを無害化できる触媒の開発を実施している．アンモニアは，工場排ガスのみならず，トイレや介護施設といった生活空間にも存在し低濃度でも不快な臭気を有する．我々は，金ナノ粒子触媒を用いると室温でも低濃度のアンモニアを窒素に変換し無害化できることを報

告した[16-18].

富士化学株式会社との共同研究では，実用形態に即したセラミックスへ金ナノ粒子を担持した機能性材料の開発を実施している．セラミックスには，多孔質のものを利用しており乾湿調節機能がある．これまでの報告では，金ナノ粒子は一酸化炭素の無害化に常温でも優れた触媒活性を示すが，日本の夏場のように湿度が高い条件では，活性が低下してしまう問題点があった．また，大学における研究は，粉末状の材料を取り扱っており，実際の応用では成型体に加工する必要がある．我々は，予め成型されたセラミックス多孔質材料に金ナノ粒子を直接担持することに成功し，また高湿度条件でも高い一酸化炭素の除去性能を有する触媒を開発した．

上記，研究例は，いずれも論文での報告や，特許出願を行った範囲の結果を記述している．最新の課題や成果は，もちろん企業秘密であることに注意願う．

４．国際交流の状況

筆者の所属する研究グループでは，大連化学物理研究所，煙台大学，寧波大学（いずれも中国），Ulm 大学（ドイツ），フランス国立保健医学研究機構（INSERM）および Paris Est Creteil University モンドール生体医学研究所（フランス），チューリッヒ応用科学大学（スイス），ハノイ工科大学（ベトナム）等の海外研究者と国際共同研究を実施している．また，中国，イギリス，ベトナム等の国から留学生・海外研究者の受け入れを行ってきた．その中で，近年成果を挙げて発信している共同研究を２件紹介する．

中国の大連化学物理研究所とは，独立行政法人日本学術振興会の国際共同研究事業である中国との国際共同研究プログラム(JRP with NSFC)において，「持続可能な社会実現のための環境調和型化学プロセスの開発」のテーマにて共同研究を実施している．近年，限られた資源の有効活用やカーボンニュートラルな社会を実現するために，化学産業においては，化学プロセスを革新し排出される廃棄物を削減したり，より環境負荷の低い化合物を利用したりすることで，環境負荷低減に貢献できる．我々は，金ナノ粒子触媒を用いて，化学反応のシンプル化を図ると同時に，高耐久性を備えた触媒の開発を共同で実施している．

ドイツの Ulm 大学とは，金のナノ粒子触媒を用いた CO_2 からのメタノール合成の研究を共同で実施している．CO_2 は，各国で削減目標が掲げられており，CCUS(Carbon dioxide Capture, Utilization and Storage，CO_2 の回収，利用，貯蔵）技術の開発が急務である．CO_2 からのメタノール合成の研究は，CO_2 の有効利用に該当する．メタノールは化成品合成の基幹物質の一つであるため，消費され排出された CO_2 をリサイクルすることは，化石燃料の利用を大幅に減らすことに繋がる．我々は，金ナノ粒子触媒を用いると，現行の銅-酸化亜鉛触媒と比較してメタノールへの選択率が高いことをハイインパクトジャーナルに報告した[19,20]．金ナノ粒子触媒は，低温・低圧で機能する可能性を有しているため，より活性の高い触媒の開発を実施している．

これら国際共同研究の課題は，2点ある．1点目は，現在公的な資金を得て実施している国際共同研究は，上述の1件のみである．残りは所謂「手弁当」での実施である．海外の研究者から共同研究の声を掛けて頂くのは光栄だが，手元の予算との兼ね合いで取捨選択や優先順位を付けなくてはならないのは残念である．2点目は，新型コロナウイルスの影響である．国際共同研究において，やり取りはメールベースであるが，国際会議の折を利用した研究会議，年1回程度の相互訪問によって，進捗の擦り合わせと今後の研究計画を練ってきた．これら対面の会議は，2020年以来の新型コロナウイルスの影響を如実に受けた．また，訪問による現地での研究の実施ができなくなり，相互の研究を学び吸収する機会が奪われてしまった．当研究グループへ留学生を派遣する話も立ち消えとなった例もあった．国際共同研究においても状況に応じてオンライン会議を実施するが，日本国内において主流になりスムーズに進行するオンライン会議も，国際オンライン会議はまた別物と感じる．研究における深いディスカッションを行い，理解するためには，やはり対面でのコミュニケーションに勝るものは無い．

5．日本の先端技術力の強化に向けた提言

筆者の様な若輩者が提言を述べて良いか悩んだが，金ナノ粒子触媒の分野における日本の先端技術力の強化に向けた私見を述べる．まず，大学の研究開発環境のハード面において，筆者の研究グループは，金ナノ粒子触媒研究の第一人者である春田教授の研究グループを前身にしているため，非常に恵まれている．ソフト面では，学内研修・安全管理は大学の管理の上，サポートをして頂いている．人員について，筆者の研究グループは大学においても特殊な環境で学部組織を持たないため，研究の実施を担う学生が不在であり，常に人材が不足している．これは，筆者特有の研究環境に依る．また，予算に関しては，ほぼ全てを外部資金で賄うことが必要とされている．当グループのスタッフの人件費と研究実施費用が必要であるため，筆者としては資金集めに一番骨が折れるが本音である．大学の研究室において人件費は不要であり，必要であってもポスドクの雇用費くらいが普通と見られると，当研究グループの支出に掛かる人件費の割合は突出しており，周囲に大変さが分かって頂けない苦しみもある．また，スタッフの雇用は，研究の生産性に直結するが，雇用した以上簡単に契約解除をすることもできないため，常に予算を考えることが必要である．

国内外の研究交流において，研究交流が相互に有益と判断された場合にて共同で進めている．そのため，共同研究において，筆者は国内と国外の垣根を設けていない．上述したように多くの国と国際共同研究を実施しているが，もちろん研究を加速するために必要に応じて国内研究者とも連携を行っている．交流が容易かつ顔見知りが多い国内連携が多くなるのは必然であるが，研究遂行に必要な研究者を所属国で判断せず，研究内容で判断する．しかしながら，近年の新型コロナウイルスの影響下で国際会議が無くなる，もしくはオンライン化すると，日本は島国である特性上，国際ネットワークから容易に外れてしまうこと，また，海外研究者との新しい研究ネットワー

ク形成が困難であることを痛感する．

金ナノ粒子触媒の日本の国際競争力は，春田らの研究もあり，現在も当然トップレベルにある．しかしながら，日本はトップレベルに居るだけで，中国，アメリカ，ヨーロッパと同程度のレベルである．概要に示した通り，トップ論文誌である Science および Nature においては，日本は既に出遅れている状態である．中国においては，潤沢な研究予算を得て根気よく続けた研究が優れた成果となっている印象がある．その刺激を得て，多くの研究者が金ナノ粒子触媒研究を加速させ，非常に多くの論文が掲載される好循環が生まれている．筆者においても，今一度，金ナノ粒子触媒研究の基礎に戻り，現象解明と新奇作用を開拓し，すそ野を広げる研究を根気よく行う必要性を感じる．しかし，これら基礎研究に与えられる予算獲得の機会は限られている．実用化に直結する研究，CO_2の再利用に関連したトピックス，水素利用に関連したトピックスなどで，予算獲得の機会が多い応用研究をしないと，研究予算の目途が立たない事情もある．日本発の金ナノ粒子触媒であるが，応用ばかりに目がくらむと足元の技術が揺らぐ気がしてならない.日本発の先端技術力を強化するために必要なことは，誰もが飛びつきたる分かり易い研究をするのではなく，物質本来の性質を理解し，新しい学問を立ち上げる様な地道な研究とその環境,皆様の理解が必要であると感じる．

文献

1) B. Hammer, J. K. Norskov, *Nature*, **376**, 238 (1995)
2) M. Haruta, T. Kobayashi, H. Sano, N. Yamada, *Chem. Lett.*, **16**, 405 (1987)
3) B. Nkosi, N. J. Coville, G. J. Hutchings, *J. Chem. Soc., Chem. Commun.*, 71 (1988)
4) K. Suzuki, T. Yamaguchi, K. Matsushita, C. Iitsuka, J. Miura, T. Akaogi, H. Ishida, *ACS Catal.*, **3**, 1845 (2013)
5) P. Johnston, N. Carthey, G. J. Hutchings, *J. Am. Chem. Soc.*, **137,** 14548 (2015)
6) T. Murayama, W. Ueda, M. Haruta, *ChemCatChem*, **8**, 2620 (2016)
7) M. Lin, C. Mochizuki, B. An, Y. Inomata, T. Ishida, M. Haruta, T. Murayama, *ACS Catal.*, **10**, 16, 9328 (2020)
8) T. Ishida, et al., *ChemSusChem*, **8**, 695 (2015)
9) A. Taketoshi, T. Ishida, T. Murayama, T. Honma, M. Haruta, *Appl. Catal. A-Gen.*, 585, 117169 (2019)
10) J.-i. Nishigaki, T. Ishida, T. Honma, M. Haruta, *ACS Sus. Chem. Eng.*, **8**(28), 10413 (2020)
11) T.Fujita, M.Zysman, D.Elgrabli, T. Murayama, M. Haruta, S. Lanone, T. Ishida, J. Boczkowski, *Sci. Rep.*, **11**, 23129 (2021)
12) Y. Inomata, S. Hata, M. Mino, E. Kiyonaga, K. Morita, K. Hikino, K. Yoshida, H. Kubota, T. Toyao, K.-i. Shimizu, M. Haruta T. Murayama, *ACS Catal.*, **9**(10),

9327 (2019)

13) Y. Inomata, M. Mino, S. Hata, E. Kiyonaga, K. Morita, K. Hikino, K. Yoshida, M. Haruta, T. Murayama, *J. Japan Pet. Inst.*, **62**(5), 234 (2019)

14) Y. Inomata, S. Hata, E. Kiyonaga, K. Morita, K. Yoshida, M. Haruta, T. Murayama, *Catal. Today*, **376**, 188 (2021)

15) Y. Inomata, H. Kubota, S. Hata, E. Kiyonaga, K. Morita, K. Yoshida, N. Sakaguchi, T. Toyao, K.-i. Shimizu, S. Ishikawa, W. Ueda, M. Haruta, T. Murayama, *Nat. Commun.*, **12**, 557 (2021).

16) M. Lin, B. An, N. Niimi, Y. Jikihara, T. Nakayama, T. Honma, T. Takei, T. Shishido, T. Ishida, M. Haruta, T. Murayama, *ACS Catal.*, **9** (3), 1753 (2019)

17) M. Lin, B. An, T. Takei, T. Shishido, T. Ishida, M. Haruta, T. Murayama, *J. Catal.*, **389**, 366 (2020)

18) H. Wang, M. Lin, T. Murayama, S. Feng, M. Haruta, H. Miura, T. Shishido, *ACS Catal.*, 11, 8576 (2021)

19) A. Rezvani, A. M. Abdel-Mageed, T. Ishida, T. Murayama, M. Parlinska-Wojtan, J. R. Behm, *ACS Catal.*, **10**, 3580 (2020)

20) S. Chen, A. M. Abdel-Mageed, C. Mochizuki, T. Ishida, T. Murayama, J. Rabeah, M. Parlinska-Wojtan, A. Brückner, J. R. Behm, *ACS Catal.*, **11**, 9022 (2021)

Ⅱ－９　ゲノム編集

広島大学大学院統合生命科学研究科
ゲノム編集イノベーションセンター
教授　山本 卓

１．ゲノム編集技術の概要

生物の遺伝情報は、体を構成する細胞の核の中に含まれている（核をもたない大腸菌のような原核生物は除く）。ヒトの体は約 40 兆個の細胞から構成されているが、それぞれの細胞には遺伝情報を担うデオキシリボ核酸（DNA）が含まれている。DNA は長い紐状の高分子で二本の鎖が結合した**二重らせん構造**をとっている。DNA 中には４種類の塩基(アデニン(A)、グアニン(G)、チミン(C)、シトシン(T))が含まれ、この塩基の並び順が遺伝情報として使われる。塩基の並び順は**塩基配列**とよばれ、体に必要なタンパク質（例えば酵素、抗体やホルモンなど）のアミノ酸配列の情報となっており、タンパク質の情報となっている部分の DNA は特に**遺伝子（gene）**とよばれる。DNA の塩基配列はヒトでは約 30 億個にもおよぶが、この内遺伝子の部分は 1.5%程度で、それ以外の部分はウイルス由来の繰返し配列や単純な繰り返し配列など機能がわかっていない部分がほとんどである。**ゲノム（genome）**とは、遺伝子の部分と遺伝子以外の塩基配列情報をまとめた全遺伝情報を意味する用語で、例えばヒトの全遺伝情報はヒトゲノム、イネの全遺伝情報はイネゲノムである。

生物の遺伝情報は、４文字からなるデジタル情報であるため、遺伝子の部分で塩基配列に変異が生じると重要なタンパク質が機能しなくなることがある。例えばヒトβグロビン遺伝子の１箇所の A が T に変わってしまった結果、βグロビンタンパク質の１つのアミノ酸がグルタミン酸からバリンに変わり、赤血球が酸素を運ぶことができなくなる（鎌状赤血球症）。このようにヒト遺伝情報における疾患の原因となる変異は、ヒトの約２万個の遺伝子の中で 5000 以上の遺伝子で報告されているが、ほとんどの遺伝性疾患の治療法は確立されていない。

それではこのようなゲノム中の変異はどのような原因によって起こるのであろうか？私たちは様々な外的要因と内的要因にさらされている。紫外線、自然放射線、発がん性物質や活性酸素などがこれにあたるが、これらの影響よって DNA はしばしば切断を受ける。DNA は二本の鎖でできているので、片方の鎖が切れる場合と両方の鎖が切断される場合がある。このうち両方の鎖が切れる **DNA 二本鎖切断（DSB）**は遺伝子の分断を引き起こすため、細胞にとって極めて有害である。そのため細胞内で DSB が生じると DNA をつなぎ合わせる DNA 修復が起こる。しかしながら、DNA 修復経路によっては繋ぎ間違いや不正確な修復（修復エラー）が起こり、遺伝情報に変化が生じることがある。DNA の変異としては、塩基が抜け落ちる欠失や数塩基の挿入、塩基が変化する置換などの小規模なものから、大きな欠失などの大規模なものまで様々である。

前述のDSBの修復エラーは、ヒトの疾患の原因となる場合は不利益であるが、農水畜産物の品種改良などでは有益な場合がある。長年品種改良で作られてきた農作物などの有用品種は、自然放射線などによる突然変異によって有用な形質を偶然獲得したものである。しかし、自然突然変異で有用な品種を作るのは時間（10年以上）も労力もかかるので、突然変異育種のような人工的に放射線を照射することによってDNAに積極的に変化を起こし、新しい品種を作る方法が使われてきました。例えば、有名な梨の品種である「ゴールド二十世紀」は、ガンマ線の照射によって黒斑病耐性を獲得した品種である。これまでに放射線育種によって穀類などを中心に多くの品種が生み出されている。一方、遺伝子組換え技術によって、新しい品種を短時間で作出する方法も利用可能であるが、国内においては外来生物のDNAを組み込んだ組換え作物は社会的な受容が困難な状況が続いている。

放射線による遺伝子改変は、植物だけでなく動物の改変にも利用されてきた。例えば疾患研究や創薬のためのモデル動物を作製するため小型魚、マウスやラットでの遺伝子改変に利用されている。しかしながら、放射線による改変は、特定の遺伝子を狙って改変することができないこと、複数の遺伝子に同時に改変が起きることなどの問題があった。狙って遺伝子を改変する技術として**遺伝子ターゲティング法**が開発されてきたが、この方法は大腸菌や酵母などの微生物やマウスなどの限られた生物種でのみ利用可能であった[1)]。そのため、全ての生物において任意の遺伝子を改変するゲノム編集はまさに夢の技術として開発されたのである。

ゲノム編集は、DNAのハサミ（**ゲノム編集ツール**）を利用する遺伝子改変技術である[1)]。細胞内で目的の遺伝子を切断するように設計されたDNAを切断する酵素を導入して、DSBを誘導し、細胞内での修復過程で変異を導入することができる（図1）。1990年代に第一世代のゲノム編集ツールとして**ZFN（ジンクフィンガーヌクレアーゼ）**が開発され、2000年以降にゲノム編集で狙って遺伝子ができることが哺乳類の培養細胞や動物や植物で報告された。ZFNは作製が難しかったために広がらなかったが、その後開発された第二世代の**TALEN（ターレン）**は作製が容易で特異性が高く多くの成功例が報告された。これらのツールはタンパク質型のツールで、塩基配列に合わせてタンパク質を設計する必要がある。そのため作製が煩雑で高い技術が必要とされた。これに対して2012年、細菌の獲得免疫機構として働くCRISPR（クリスパー）システムを利用したゲノム編集ツールとして**CRISPR-Cas9（クリスパー・キャス9）**が報告され、その簡便性と効率の高さに世界中の研究者が驚かされた（図2）。クリスパーシステムは細菌がウイルスの感染を抑えるために進化させてきたシステムで、様々な最近からこれまで8000以上のクリスパーが見つかっている。この配列を世界で初めて見つけたのは、九州大学の石野博士[2)]であるが、2020年にクリスパーシステムをゲノム編集ツールとして開発した米国のダウドナ博士と仏国のシャルパンティエ博士がノーベル化学賞を受賞した。

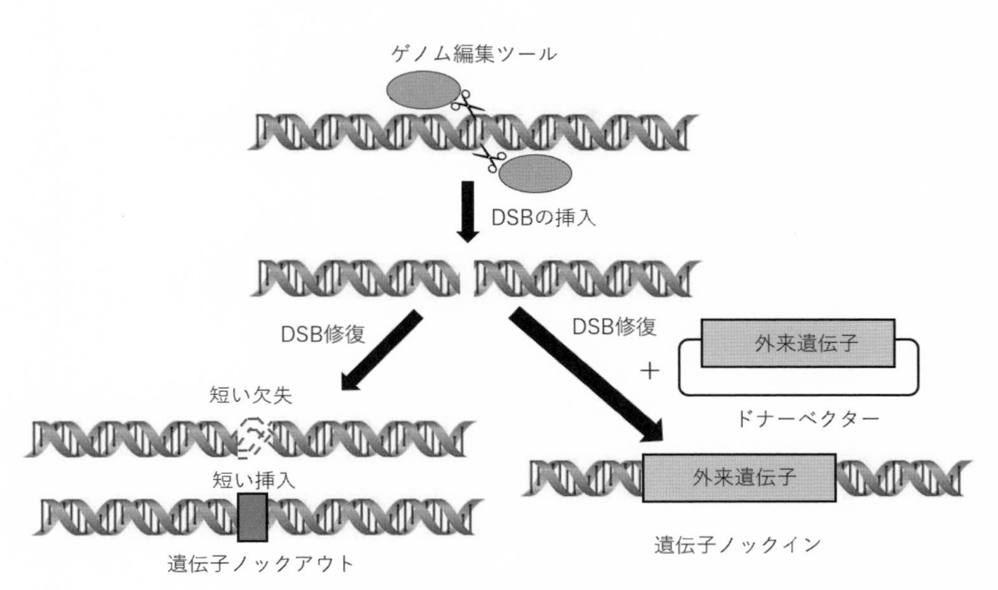

図１：ゲノム編集による遺伝子改変の原理

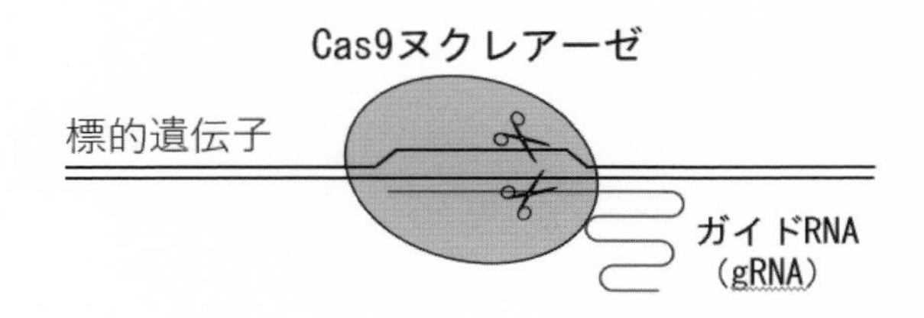

図２：クリスパー・キャス９

クリスパー・キャス９は、標的配列の切断にガイド RNA とよばれる短い RNA（DNA と同じ核酸）とハサミの機能をもつキャス９タンパク質が利用される（RNA-タンパク質複合型ツールとよばれる）[1]。ガイド RNA とキャス９タンパク質が複合体を作り、標的 DNA の配列に結合し、DSB を導入する。ガイド RNA は分子生物学の知識と経験がある研究者であれば簡単に作製できること、Cas9 は試薬メーカーから購入することができることから、2012 年以降にクリスパー・キャス９でのゲノム編集技術は世界中へ一気に広がった。この背景には、ゲノム編集ツールを大学等研究機関の基礎研究目的であれば、世界中の研究者が使えるように非営利（NPO）供給機関がオープンイノベーションを進めたことがある。研究者は、ネットショッピングで注文するように、ゲノム編集ツールをネット通販のように発注し、研究目的であれば MTA（物質移動合意書）を交わせば利用することが可能である。ゲノム編集の魅力は、原理的に微生物から動物や植物まで、ガイド RNA とキャス９を発現させることができれば全ての生物種で狙って遺伝子改変ができることにある。これまでに、このような自由度の高い技術はなく、まさにライフサイエンス研究者によっては夢の技術であった。クリスパー・キャス9は開発当初からノーベル賞が授与されることは間違いないだろうと言われていた。

ゲノム編集では、目的に遺伝子へDSBを誘導して、修復エラーによって欠失や挿入の変異を入れることができる。操作は簡単で、まずクリスパー・キャス9であれば標的に結合するガイドRNAを無料で公開されているWebツール使って設計する。ガイドRNAの長さは約100塩基なので、これを試験管内で容易に合成することができる（あるいは試薬メーカーに作成を依頼）。このガイドRNAとキャス9タンパク質（試薬メーカーから購入可能）を混合し、複合体（リボ核タンパク質:RNP）を作る。培養細胞であれば、このRNPと細胞導入試薬を添加することによって、ゲノム編集が可能である。また、動物であればRNPを受精卵に顕微注入などの方法で導入するだけである。これらの方法によって改変した生物は自然突然変異で作出した生物と同程度の変異を有することになる（クリスパー・キャス9でのゲノム編集操作は、遺伝子組換え実験にあたるので注意が必要である）。さらに、ゲノム編集でその生物がもっていない遺伝子を正確に挿入することができる。この方法で作製された生物は遺伝子組換え生物にあたるが、疾患研究や創薬に必要な動物作製には有用である。例えば、がん細胞でクラゲの蛍光遺伝子を挿入して光る細胞を作ることができる。また、薬の開発ではヒトの遺伝子をもつ動物によって薬の評価をすることは有効で、その動物作成にゲノム編集は欠かせない技術である。

ゲノム編集は基礎研究にとって重要な技術であるだけでなく、産業分野における有用性が注目されていた。クリスパー・キャス9の開発以降、その重要性はますます高まっている。微生物において機能性物質を産生するための改変、農水畜産物における品種改良のための改変、医療分野では治療技術としてのニーズが高まっている。アイディア次第で多様な利用法がこれからも開発されるであろう。実際、農作物の品種改良や医療の分野での可能性は無限大と言っても過言ではない。中国や米国から、ゲノム編集を利用した農作物の作出が次々と報告されている。医療分野ではクリスパー・キャス9を利用した複数の疾患（血液疾患、眼の疾患、アミロイドーシス、がんなど）に対する治療が、米国を中心に、中国や欧州で進行中である。

ゲノム編集はDNAの二本鎖を切断すること基盤の技術であったが、近年では目的の塩基配列の結合するシステムを利用してDNAを切断しないで塩基配列を改変する方法が開発され注目されている[3)]。クリスパー・キャス9のキャス9タンパク質は2つDNA切断ドメインをもつが、この切断ドメインが機能しないアミノ酸改変を加えたデットキャス9（dCas9）にDNAの塩基を脱アミノ化する酵素を融合した人工の酵素が開発された。この方法は**塩基編集**（Base Editing：ベースエディティング）とよばれ、後述するゲノム編集の安全性における問題点の1つであるオフターゲット作用を回避することができる方法として期待されている。この他、DNAの化学修飾（メチル化など）を改変するエピゲノム状態を改変する技術（**エピゲノム編集**）も競って開発が進められている。DNAの化学修飾は、がんの発症に関わることが知られており、この修飾レベルを自在にコントロールすることはがん治療などにつながる重要な技術になると期待されている。また、クリスパーを利用した新型コロナウイルス(SARS-CoV-2)の検出キットの開発が進行中であり、臨床現場で採取したサンプルを用いて特別な機械を使わず高感度、短時間で検出できるようになりつつある。

ゲノム編集で懸念される問題としては、目的の遺伝子以外が切断され（オフターゲット切断)、その結果生じる変異（オフターゲット変異）である。このような目的配列外に変異が生じる現象はゲノム編集の**オフターゲット作用**とよばれる。クリスパー・キャス９を用いたゲノム編集では、特にオフターゲット作用が高いことが報告されており、オフターゲット作用を低減したキャス９タンパク質の変異体が多数作出されている。一方、オフターゲット変異に加えて最近では、標的配列（オンターゲット）での予期せぬ大規模な欠失が生じることも報告されており、ゲノム編集を使った治療に利用する技術の安全について評価法や評価基準法の開発が進められている。

２．ゲノム編集ツール開発と改変技術の開発

広島大学では、国内でのゲノム編集ツールの開発とそれを用いた精密な遺伝子改変技術の開発を進めてきた。第一世代のゲノム編集ツールであるジンクフィンガーヌクレアーゼは､作製の方法が煩雑で基礎研究者によっても効率的な作製が困難であった。一方 2010 年頃から受託作成が試薬メーカーに開始されたが、高額（約 300 万円）出会ったことから一部の研究者の利用に留まっていた。そこで、広島大学では、ジンクフィンガーヌクレアーゼの作製法と活性評価法を構築し、様々な生物でのゲノム編集が可能なジンクフィンガーヌクレアーゼの研究機関への提供を行った。これによって具体的には、ヒト培養細胞、コオロギ、ショウジョウバエ、ウニ、ホヤ、メダカ、ツメガエル、マウスでの遺伝子改変に国内での共同研究で成功した。例えば、コオロギやツメガエルではチロシナーゼ遺伝子を特異的に破壊することによって色素を作れない白い個体を効率的に作製することを示した。

さらに第二世代のゲノム編集ツールであるターレンの独自の作製法（４モジュール連結法）を確立した。加えて既存のターレンに改良に改良を加えた高活性型ターレン(プラチナターレン)を開発し、特許を取得している [4]。さらに最近ではプラチナターレンを効率的に作製するためモジュールライブラリーを作製し、実質３日間で作製することができるようになった。プラチナターレンでの適用範囲は広く、糸状菌や麹菌などの微生物、ヒト培養細胞や iPS 細胞、昆虫（コオロギやカイコ)、ウニやホヤ、魚類（ウニ、ホヤ、タイ、サバ、マグロ)、両生類（ツメガエルやイモリ)、哺乳類（マウス、ラット、マーモセット)、植物（ジャガイモ、タバコ）での遺伝子改変に成功した。特にマーモセットでは、免疫不全視症やアルツハイマー病を再現する非ヒト霊長類の疾患モデルの作製が可能となり､今後の疾患治療研究に役立つことが期待できる。我々は、様々な生物において遺伝子の発現を生きた細胞や個体においてモニターすることを目的とした研究開発を進めている。これまでにウニ胚において幼生の骨を作る

細胞のみがクラゲの緑色蛍光タンパク質（GFP）で光るようにゲノム編集によって改変し、発生過程での遺伝子の発現を定量的に解析することに成功した[5)]。さらに、プラチナターレンを用いた遺伝子導入法として precise integration into target chromosome（PITCh：ピッチ）法を開発し、これまで遺伝子ノックインが困難であったツメガエルやカイコにおいて蛍光遺伝子を標的遺伝子へノックインし、目的の遺伝子の発現を可視化した[6)]。この方法は、簡便かつ高効率な新規遺伝子挿入法として現在様々な分野で利用されている。ピッチ法は、切断箇所にできる短い相同配列（50 塩基対程度）を利用した修復機構を利用しており、準備するドナーベクター（外来遺伝子）の調整も簡便である。さらにピッチ法でのノックインに関わる修復因子を DSB 箇所に修正する方法によって、ノックイン効率を上昇する方法の開発も進めている。これらの方法を利用したがん免疫治療用細胞の作製や遺伝子治療用ベクターの開発を大学等研究機関の医学研究者と治療開発ベンチャー企業との共同研究として進め、臨床利用することを目指している。

クリスパー・キャス 9 は大学等の基礎研究では自由に利用できる一方、企業では基礎研究や産業利用で多大な費用が発生する。そのため、ジンクフィンガーヌクレアーゼやターレンを利用したゲノム編集は産業利用では未だニーズが高い。もちろんクリスパー・キャス 9 でないとできない改変もあるが、基本的には標的遺伝子に DSB を導入することはどのゲノム編集ツールでも同じように実行できる。そこでジンクフィンガーヌクレアーゼやターレンで利用される DNA 切断ドメインの改良により、産業においても安価に利用できるゲノム編集ツールの開発も進めてきた。これまでに使われてきた FokI とよばれる制限酵素の DNA 切断ドメイン（細菌由来）とは異なる細菌種の塩基配列をデータベースから検索し、切断特性の異なる新規の DNA 切断ドメイン（ND1～ND4）が利用可能なことを証明した[7)]。これらの新しい切断ドメインを利用したゲノム編集ツールは既存の特許を回避して利用することが可能であることから産業分野での利用価値が高い。

遺伝子の精密な改変技術として開発してきたのは、一塩基レベルでの改変技術である。ヒトに見られる疾患変異の多くは一塩基多型（SNP：スニップ）を原因とするものである。この疾患スニップを効率的に改変することができれば、疾患モデル細胞を自在に作り出すことが可能となる。そこでヒト細胞において父方と母方の染色体に一塩基改変を加える複数の方法を開発してきた。1 つは京都大学の iPS 細胞研究所との共同研究によって開発した方法で、ピッチ法を利用した MAhX 法である[8)]。これによって、先天性プリン代謝異常症でみられる HPRT1 遺伝子の一塩基多型を再現することに成功している。

ゲノム編集の標的配列に結合する技術を利用した方法として、人工の転写調節因子を作製する技術も有用である。転写調節因子とは、目的の遺伝子を発現するために遺伝子に働きかけて転写を活性化するタンパク質である。成体の細胞で何百種類以上もある細胞はこの転写調節因子の働きによって、細胞に特有のタンパク質を作り出すことによって生まれる。言い換えると転写調節因子は遺伝子にスイッチを入れる働きをもつ重要なタンパク質である。この転写調節因子を人工で作製することも、ゲノム編集を使ってまた可能となりつつある。我々は、プラチナテール(ターレンで利用されるDNA結合ドメイン)に転写活性化ドメインを連結した人工転写因子を作製し、これを利用してマウスの細胞で幹細胞を作ることに成功した。この研究では、プラチナテール転写因子に細胞膜を透過する誘導ペプチドを付加しタンパク質として調整し、培養液に複数回添加した。プラチナテール転写因子は、培養細胞の細胞膜を透過し、さらに核膜も透過して目的の遺伝子の転写活性化を実行することが証明された[9)]。今後は癌細胞の増殖を抑制する人工転写調節因子の開発に応用できる可能性がある（図３）。

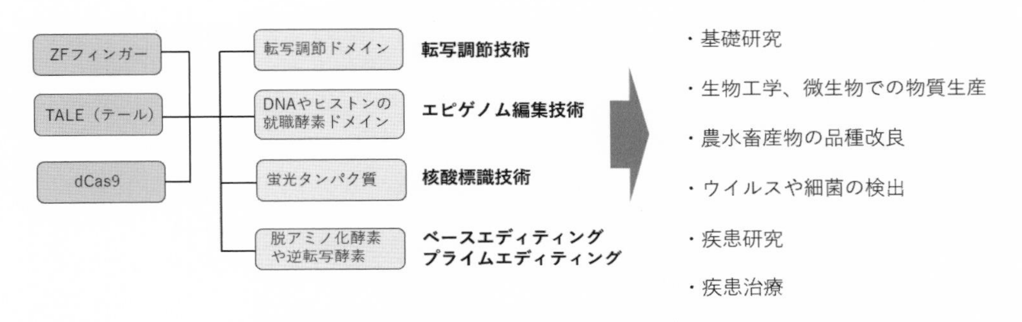

図３：ゲノム編集の発展技術と利用可能性

ゲノム編集技術は生きた細胞の核の中において遺伝子の位置の動きを蛍光タンパク質を利用して観察することもできる。核に保存されている遺伝子は必要な時期に、転写されるために動いていることが近年わかっている。そのためこの動きを観察する目的でROLEX(ロレックス)法を開発し、マウスES細胞でのNanog遺伝子座（父方と母方の２つの遺伝子）の動きを観察するのと同時にNanog遺伝子から転写されるmRNAを調べることが可能となった[10)]。さらに新奇イメージング技術を利用することによって、1分子レベルで生きた細胞の中の単一遺伝子の転写および転写関連因子の同時動態計測に成功した[11)]。このようなゲノム編集を利用したイメージング技術は、これまで観察が困難であった様々な細胞内の現象を分子レベルで視覚的に捉えることに利用される。

３．産官学の連携によるゲノム編集の開発

ゲノム編集の産業分野での活用範囲は非常に広範である。世界的な調査会社マーケッツアンドマーケッツの調査によると、ゲノム編集の世界市場は2021年には6,200億円まで拡大すると予想されている。医療分野、工業、食物生産など幅広い分野での活用が見込まれる。国内プロジェクトでは、内閣府の戦略的イノベーション創造プログラム（SIP）第１期（2014年から2018年）において次世代農林水産業創造技術の開発が進められ、ゲノム編集の国産技術開発や農水畜産物（作物を中心）の品種改良が

進められた。この中での成果として、筑波大学の江面浩教授を中心としてトマトでのゲノム編集育種が進められ、高血圧を防ぐ GABA の豊富な「シシリアンルージュハイギャバ」（2020 年厚生労働省において認可）が栽培モニターを募集して苗の一般提供が進んでいる。また我々は、SIP においてクロマグロやサバでのゲノム編集を行い、飼育が容易なマグロの作出に取り組んだ。水産研究・教育機構や近畿大学との共同研究によって、おとなしい性質をゲノム編集によって付与する改変を行った。さらに、2016 年からスタートした国立研究開発法人新エネルギー産業技術総合開発機構（NEDO）プロジェクト「スマートセルプロジェクト」においては、国産のゲノム編集ツール開発として、九州大学の中村崇裕教授の開発した PPR 技術、神戸大学の西田敬二教授が開発した Target-AID 技術、徳島大学の刑部敬史クリスパー・TiD 技術など新規のゲノム編集技術開発が進められ、国産技術開発は大きく進展した。一方、オープンイノベーションによる産学連携プロジェクトとして進める国立開発法人科学技術振興機構（JST）の産学共創プラットフォーム共同研究推進プログラム（OPERA）において広島大学を幹事機関として「ゲノム編集産学共創コンソーシアム」（2016 年～2021 年）が形成され、低アレルゲンの卵を生むニワトリの開発や微細藻類でのバイオ燃料や高機能物質生産技術の開発が進められた。さらに、この開発は 2021 年度から JST の共創の場形成支援プログラム（COI-NEXT）に引き継がれ、現在 AI 技術を含めた開発によって効率的なゲノム編集育種を目指した「Bio-デジタルトランスフォーメーション技術(DX)産学共創拠点」（幹事機関：幹事機関）が進められている。

ゲノム編集での治療開発研究では、国立研究開発法人日本医療研究開発機構(AMED)が革新的バイオ医薬品創出基盤技術開発事業（2014 年～2018 年）において医療分野に資するゲノム編集技術の開発を支援している。東京大学の濡木理教授はクリスパー・キャス 9 の構造生物学的解析からコンパクトな変異体を作製し、生体内治療において効率的に送達できる技術を開発している。また、AMED の医療研究開発革新基盤創成事業（CiCLE）や先端的バイオ創薬等基盤技術開発事業では、がん免疫療法に利用可能な免疫細胞をゲノム編集によって作り出す複数のプロジェクトが進行している。これらのプロジェクトは、がん細胞を攻撃する他家移植用の TCR-T 細胞や CAR-T 細胞をゲノム編集によって作製するもので、生体内治療より安全性を確保した方法として開発が先行している。一方、医療でのゲノム編集技術の利用は高額なライセンス費用が問題となり、クリスパー・キャス 9 での治療法開発を進めるのは国内の製薬企業でも困難と考えられる。そのため、国産ゲノム編集技術の活用によって安価な治療を目指すため国内のバイオベンチャーの設立と新しい技術の開発が期待されている。

４．ゲノム編集研究開発における国際競争

ゲノム編集の開発については、基盤技術であるゲノム編集ツールの開発が海外であることから国際競争という点では日本の技術開発は大きく遅れをとってきた。特にクリスパー・キャス 9 の開発によってゲノム編集がオープンイノベーションによって急

速に開発が展開される中、国内で開発に投じられたゲノム編集の研究費（前述の国家プロジェクトを含む）が十分であったとは言い難い。

クリスパー・キャス9については米国における特許係争が今なお継続中である。カリフォルニア大学バークリー校と、MITとハーバード大学のブロード研究所の基本特許権についての争いは、1回目の判決ではUCバークリーの訴えは認められず、米国では両者の権利が認められる。さらに2回目の裁判ではどちらの発明が早かったか、発明日を立証することに焦点があてられ、カリフォルニア大学が訴えを起こしている。米国の状況を受けて、EUや中国、日本でのクリスパー・キャス9の特許についてはカリフォルニア大学の権利が優位な状況となっている。一方、クリスパー・キャス9に加えてクリスパー・キャス12aとよばれる別のタイプのクリスパーは、ブロード研究所が最初に発表したが、知財についてはこちらも複数存在する状況である。さらにベースエディティングや最新のPrime Editing（プライムエディティング）（図3）[3)]の技術の中心は米国であり、基礎から応用までゲノム編集技術の開発は米国がリードを続けている。

米国では、ゲノム編集研究者がベンチャー企業を立ち上げ、いち早く産業化につなげることに成功している。開発した技術については、まず特許出願を行い、出願後に論文を投稿する。論文が受理された時点で、関連する技術を基礎研究目的で利用できるようにNPOの試料供給機関へ寄託する流れができている（これによって公的機関の基礎研究者は自由に利用できる）。特許出願は大学発ベンチャーが中心となるため、開発費の多くは、投資金によってまかなわれている。一方、米国の国家プロジェクトとして、アメリカ国立衛生研究所(NIH)を中心とした体細胞でのゲノム編集 プログラム(Somatic Cell Genome Editing: SCGE)が2021年に立ち上げられた[12)]。SCGEコンソーシアムでは、様々な遺伝性疾患変異を培養細胞で再現し、動物モデルやオルガノイドを用いて評価するツールキットを提供することを目的としており、疾患研究を加速させることを目指している（6年間で約200億円が投じられる予定である）。

アジアでのゲノム編集技術の開発は、韓国のソウル国立大学のKim博士が牽引してきた。Kim博士は、ゲノム編集ツールや安全性評価法の開発、動植物でのゲノム編集研究に長年成果を上げている。加えて、韓国では医学研究分野のゲノム編集研究レベルも高い。中国は植物でのゲノム編集のトップランナーである中国科学院のGao博士を中心として農作物の品種改良を国家レベルで進めている。また治療でのゲノム編集研究も非常にスピード感をもって進めており、ゲノム編集での臨床研究の件数も米国と並んで多い。

日本国内においても、前述した国家プロジェクトの成果をベースとしたゲノム編集のベンチャー企業の設立が最近5年で急速に増加している。PPR技術を基盤とした九州大学発のエディットフォース社、神戸大学発のTarget-AID技術のバイオパレット社、東京大学発のモダリス社やC4U社、京都大学発のリージョナルフィッシュ社、徳島大学の接ロテック社、筑波大学発のサナテックシード社が投資を受けて開発を進めている。我々は2019年にプラチナターレン技術とデジタル技術を基盤とした広島大学発のプラチナバイオ社（PtBio Inc.）を設立し、産業技術開発を進めている。このように日本国内においても遅れを取り戻すべく、投資資金による技術開発が活発化している。

5．日本の先端技術力の強化に向けた提言

現在ゲノム編集に利用されているゲノム編集ツールは、海外で開発されたものが中心である。特に第3世代のクリスパー・キャス9によって様々な応用分野が切り開かれていることから、産業利用における知財戦略の策定は最も重要である。クリスパー・キャス9においては、産業分野によっては使いにくい状況（使用料が高額となる可能性）であり、国産のクリスパーシステムの開発も進められている。また、第一世代や第二世代の権利関係が整理されているゲノム編集ツールを利用することも1つの方法である。ゲノム編集ツールの開発は様々な細菌からの単離が進む一方、前述したように新しい技術（エピゲノムを修飾する酵素との融合システム、疾患の一塩基多型を再現する技術、核酸を検出する技術）の開発に進んでいる。このような分野では日本もまだ参入できる可能性があり注力する必要がある。さらに、治療分野ではゲノム編集ツールを効率よく組織や器官に送達する必要があり、既存のウイルスベクターに加えて、効率的な開発が競って進められている。例えばウイルス様粒子を使えば長期のゲノム編集ツールの発言を回避する安全性を確保した方法が可能となり、新しい技術として期待されている。

ゲノム編集の基礎技術開発については海外に遅れをとったものの、ゲノム編集を使った有用品種の開発など日本の開発が先行している分野もある。遺伝子組換えによって作出した品種については日本では安全性と環境への煩雑な評価が必要であるが、ゲノム編集によって自然突然変異と同じ変異をもつ品種については外来の遺伝子を含まないことが確認されれば認可される方向である。そのため安全性を確保しつつ、遺伝子組換え生物での失敗を繰り返さないゲノム編集生物の利用を産学官で連携して開発を進めていくことが求められる。特にゲノム編集は、国連サミットで採択された持続可能な開発目標(Sustainable Development Goals: SDGs)の達成には必須の技術と考えられることから、応用分野においてこの技術を使いこなせる人材育成も急務である。広島大学ではこの目的のため、文部科学省卓越人材育成プログラム「ゲノム編集先端人材育成プログラム」（2018 年採択）によって、基礎研究者、産業技術開発者、医療研究者やベンチャー企業家の育成を進めている。さらに多くの企業の参画によってゲノム編集によるバイオイノベーションを加速させることが、日本には求められている。

【参考文献】

1)山本　卓（著）、ゲノム編集とはなにか、講談社ブルーバックス、2020 年
2)山本　卓（編）、ゲノム編集入門、裳華房、2018 年
3)山本　卓・佐久間哲史（企画）、最新 CRISPR ツールボックス、実験医学、羊土社、

2021年
4)Sakuma *et al.*, Repeating pattern of non-RVD variations in DNA-binding modules enhances TALEN activity, **Sci rep** 3:1-8 (2013)
5)Ochiai *et al.*, Zinc-finger nuclease-mediated targeted insertion of reporter genes for quantitative imaging of gene expression in sea urchin embryos, **PNAS** 109:10915–10920(2012)
6) Nakade *et al.*, Microhomology-mediated end-joining-dependent integration of donor DNA in cells and animals using TALENs and CRISPR/Cas9, **Nat commun** 5:1-8(2013)
7) 山本卓・佐久間哲史・齋藤勝和，新規ヌクレアーゼドメインおよびその利用，WO2020-045281，出願日 2020-539416
8) Kim *et al.*, Microhomology-assisted scarless genome editing in human iPSCs, **Nat commun** 9, 939 (2018)
9) Takashina *et al.*, Identification of a cell-penetrating peptide applicable to a protein-based transcription activator-like effector expression system for cell engineering, **Biomaterials** 173:11-21(2018)
10) Ochiai *et al.*, Simultaneous live imaging of the transcription and nuclear position of specific genes, **Nucleic acids research** 43:e127-e127(2015)
11) Li *et al.*, Single-molecule nanoscopy elucidates RNA polymerase II transcription at single genes in live cells, **Cell** 178:491-506(2019)
12) Saha *et al.*, The NIH somatic cell genome editing program, **Nature** 592:195–204 (2021)

Ⅱ－１０　有機半導体技術

東京大学大学院工学系研究科電気系工学専攻
准教授　横田 知之

１．有機半導体技術の概要

有機半導体は、従来のシリコンを中心とした半導体とは異なり、材料自身の柔らかさや、溶液・低温プロセスを用いて簡便に成膜できるため、フレキシブルエレクトロニクスなどを中心として次世代のデバイスへの応用が注目されている。有機半導体における電気伝導は、一般的に原子核に強く束縛されないπ電子によって行われる。特に無機半導体におけるバンドギャップ(Eg)に相当するものとして、有機半導体の最高占有軌道(Highest occupied molecule orbital: HOMO)と最低非占有軌道(Lowest Unoccupied Molecular Orbital: LUMO)の準位差がある。この HOMO-LUMO の準位差は、π 共役系が長くなるほど小さくなり、電気伝導が大きくなる。また、π 共役系にヘテロ原子や電子供与性，電子受容性の置換基を導入することで、HOMO-LUMO の準位差や、それぞれのエネルギー準位を変化させせることができる。このように、自由な分子設計をすることができることも有機半導体の大きな特徴の 1 つである。有機半導体を用いたデバイスとしては、有機トランジスタ、有機発光素子(OLED)、有機薄膜太陽電池(OPV)などがあげられる。それぞれのデバイス技術に関して簡潔に紹介する。

１.１　有機トランジスタ

有機トランジスタは、有機半導体を活性層に用いた電界効果トランジスタのことを一般的に指す。一般的な電界効果トランジスタは、ゲート電極、ゲート絶縁膜、ソース・ドレイン電極、半導体層から構成されており、ゲート電極に印加する電圧の大きさで、ソース・ドレイン電極間に流れる電流を電気的に制御することができる。各層の位置関係により、複数のデバイス構造が提案・試作されている。電界効果トランジスタの構造は、ゲート電極の位置により、トップゲート構造とボトムゲート構造の 2 種類に分類される。無機のトランジスタでは、一般的にトップゲート構造が用いられているが､有機トランジスタではボトムゲート構造が一般的に用いられている｡また、ソース・ドレイン電極の位置によっても構造を 2 種類に分類することができる。ソース・ドレイン電極を半導体層より先に成膜した構造をボトムコンタクト構造と呼び、後に成膜した構造をトップコンタクト構造と呼ぶ。トップコンタクト構造では、有機半導体層を同一物質上に形成できるため、半導体層の均一性が高くなり、電荷の注入障壁を低減することができる。そのため、一般的にはトップコンタクト型トランジスタはボトムコンタクト型に比べ電気的特性が良い。一方で、トップコンタクト構造ではソース・ドレイン電極の形成手法が制限されるという課題がある。例えば、リソグラフィーやインクジェットといった印刷を用いる場合、溶媒により有機半導体層にダメージを与えてしまいデバイス特性が悪くなってしまうことがある。そのため、ボトムコンタクト構造に比べてプロセスが制限されてしまう。

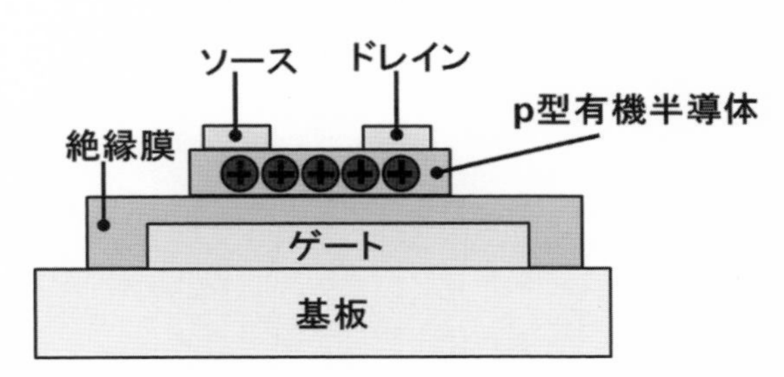

図１：有機トランジスタの構造：ボトムゲート、トップコンタクト型である。

有機トランジスタにおける日本の国際競争力を見てみると、材料分野においては世界を牽引していることがわかる。例えば、移動度が 10 cm²/Vs を超える材料も多くのグループから報告がされている。一方で、有機トランジスタや集積回路の応用に関する研究では世界より一歩遅れている印象である。例えば、スタンフォード大学をはじめとした研究グループでは､曲げることのできる従来の有機トランジスタとは異なり、伸縮可能な有機トランジスタの報告などがされている。また、フレキシブルイメージャーの読み出し回路部分に有機トランジスタを用いたものなども報告されてきており、日本の基礎的な研究と比較して、より応用に近い研究がおこなわれている印象である

１.２　有機発光素子(OLED)

有機発光素子(OLED)は、有機半導体を発光材料に用いたデバイスである。従来テレビなどに用いられていた液晶ディスプレイでは、液晶材料部分以外にバックライトが必要であったが、有機発光素子は自発光デバイスであるために、バックライトが不要で薄く作れるメリットがある。さらに、液晶ディスプレイとは異なり、色の純度が高い、自発光デバイスであるために面発光ができ、指向性が低いという特徴を有している。そのため、現在では有機 EL ディスプレイやスマートフォンのディスプレイなどにも用いられており、有機半導体デバイスとしては最も成功したエレクトロニクスである。有機発光素子は、有機半導体を挟んでいる陽極と陰極間に電圧を印加することで、電子と正孔を注入し、有機半導体層で再結合を起こすことで光を発生させる。この発光のエネルギーは、励起状態の分子が基底状態に戻る際に放出される差分エネルギーによって決まっている。そのため、励起三重項状態からの発光である燐光と、

励起一重項状態からの発光である蛍光の2種類がある。色の三原色のうち、赤色と緑色は燐光を用いたものが多く報告されていたものの、青色の発光に関してはほとんどのものが蛍光を用いているために、他の2色の色と比較して安定性が悪い、発光効率が低いという課題がある。

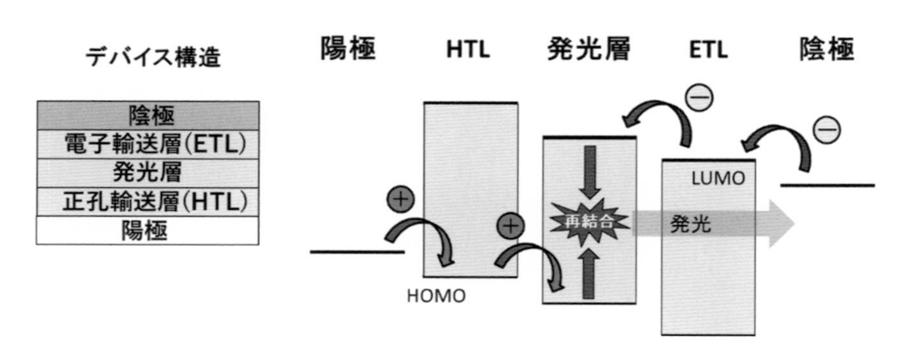

図2：有機発光素子の構造と発光原理

有機発光素子の材料開発に関しては、日本が大きく世界をリードしている。例えば、高分子を用いた有機発光デバイスに関しては、住友化学をはじめとした日本の企業の材料が多く用いられている。また、低分子材料に関しても日本の企業材用が多く採用されている。また、次世代の高効率な有機発光素子に関しても山形大学の城戸教授や、熱活性化遅延蛍光(TADF)を開発した九州大学の安達教授をはじめとした日本の研究グループから報告されてきている。

1.3　有機薄膜太陽電池(OPV)

太陽電池の 1 つに、有機半導体を活性層に用いた有機薄膜太陽電池があげられる。有機薄膜太陽電池は、活性層である有機半導体の層で光を吸収し発電する。一般的に活性層である有機半導体には、電子を供給するドナー材料と、電子を受容するアクセプター材料から構成されている。活性層で光を吸収すると、励起子が発生し、ドナー材料とアクセプター材料の界面で電子と正孔に分離することで電流が発生する。そのため、界面部分を増やすことが太陽電池の効率向上の重要な要素となっている。近年、この界面部分を増やす手法としてドナー材料とアクセプター材料を混合膜として形成するバルクヘテロ接合構造が注目を集めている。特に有機半導体は溶液プロセスで成膜することができるために、ドナー材料とアクセプター材料を溶解させたインクを用いることで容易にバルクヘテロ接合構造を実現することができる。

有機薄膜太陽電池における日本の国際競争力を見てみると、住友化学、三菱ケミカル、東レといった多くの企業で、高効率な有機薄膜太陽電池のモジュールやドナー材料の報告がなされるなど、世界を牽引している。

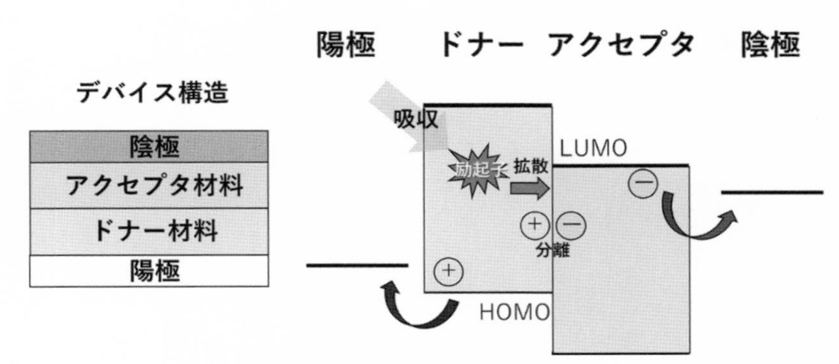

図３：有機太陽電池の構造と発電原理

2．研究室の研究テーマと研究内容

研究室では、大きく分けて３つの研究テーマに取り組んでいる。１つは有機半導体を用いたフレキシブル集積回路・センサに関する研究、もう１つは皮膚に貼り付けることのできるスキンセンサ、そしてシリコンチップと柔らかいエレクトロニクスを同一基板上に集積化するハイブリット実装技術である。それぞれの研究テーマについて簡潔に紹介する。

2.1　フレキシブル集積回路・センサ

従来のエレクトロニクスは、シリコンを中心とした硬い電子素材を中心に発展してきた。近年注目を集めているヘルスケアや医療用途のセンサやデバイスも、同様にシリコンの技術を用いて発展してきた。これらのデバイスが、より人との親和性が高いエレクトロニクスへと発展するためには、柔らかい電子素材を活用することが期待されている。その中でも有機エレクトロニクスは印刷手法などの溶液プロセスを用いて高分子フィルムの上に低温プロセスで作製できるため、大面積・低コスト・軽量性・柔軟性を同時に実現できると期待され、研究が活発に進められている。

我々の研究グループでは、ガラス基板上と同程度の高い電気的性能を持つ有機エレクトロニクスを、厚さが１ µm の極薄の高分子フィルムに作製する技術開発に取り組んで研究を行っている１ µm という厚みは、キッチン用ラップの 1/5 程度の薄さに相当しており、表皮の厚さよりも薄い厚さである。この極薄基板上に、厚さが 20 nm 以下の極薄の絶縁膜を均一かつ密着性高く作る技術を開発することで、有機集積回路を実現することに成功した。この絶縁膜は、室温・溶液プロセスである陽極酸化を用いることでアルミニウム酸化膜を高品質に形成している。作製した有機集積回路の機械的耐久性を評価したところ、フィルムを折り曲げて曲率半径５ µm 以下にしても壊れず、また紙のようにくしゃくしゃにしても、壊れないことが確認できた。さらに、伸長させたゴム基板上と１ µm のデバイスを組み合わせることで、デバイスに伸縮性を付与させることにも成功した。これは、伸ばしたゴム基板上に 1 μm のデバイスを貼り付けると、ゴム基板を基の長さに戻す際に、基板はもとの長さに戻ろうとする一方で、デバイスは縮めることができないので、3 次元の皺のような構造を形成する。この構造は、アコーディオンのような形をしているために、伸ばすことが可能となる。

また、この技術は有機発光素子や有機受光素子にも用いることが可能である。実際に、高分子材料を発光層に用いて赤・青・緑の有機LEDを作製することに成功し、外部量子効率はそれぞれ最大で 14%と、ガラス基板とほぼ同等の特性を実現することに成功した。この有機 LED は、超薄型であるため人間の皮膚の表面のように複雑な形状をした自由曲面にぴったりと貼り付けることができ、ディスプレイやインディケーターとして使うことが可能である。さらに、有機 LED と有機フォトディテクタを集積化することで、血中酸素濃度計の開発にも成功した。血中酸素濃度計は、一般的に 2 色の光源とフォトディテクタで構成されている。本開発でも、緑色と赤色の発光素子とフォトディテクタを集積化することで指に巻き付けることができる血中酸素濃度計を実現した。

これらのデバイスは、貼るだけで簡単に運動中の血中酸素濃度や脈拍数、体温などをモニターすることができ、さらに皮膚のディスプレイに表示することも可能であるため、ヘルスケアや医療、福祉、スポーツ、ファッションなど多方面への応用が期待されている。

2.2 スキンセンサ

皮膚にセンサを貼り付けるスキンセンサ応用では、長期間連続的に生体信号を計測することが期待されている。そのため、センサを貼ることによる蒸れや炎症を抑制する必要があった。従来のフレキシブルセンサは、基板に連続膜であるフィルムを用いており、通気性がないために、長期間皮膚に貼り付けることで、蒸れや炎症が起こってしまうという課題があった。

そこで、この通気性を改善する手法として、我々の研究グループではナノメッシュ電極・センサとよばれる3次元のポーラス構造を有するデバイスの開発を行っている。ナノメッシュ電極は、電界紡糸法を用いて作製したポリビニールアルコール(PVA)のナノファイバー上に、電極材料として金の薄膜を真空蒸着することで形成している。PVA のナノファイアバーは水溶性であるために、作製したナノファイバー電極を皮膚に貼り付けたのちに、水を吹きかけることにより、PVA のナノファイバーが溶け、多孔質の金電極のみが皮膚上に残り貼り付けることができる。ナノメッシュ電極は、非常に薄く柔らかいため、指紋や皮膚の細かい形状に追従するように密着させることができる。このナノメッシュ電極の通気性が皮膚にどのような影響を及ぼすかも慶応大学の皮膚科と協力して行っている。1 週間ナノメッシュ電極を皮膚に貼りつけて炎症反応を確認したところ、炎症反応は確認できなかった。このように、ナノメッシュセンサの通気性を付与することで、皮膚の炎症の抑制に対して非常に重要であることを確認できた。このようなナノメッシュ電極の応用例として筋電や心電計測があげられる。ナノメッシュ電極を胸部に貼りつけ、伸縮性導体を印刷したテキスタイルを用いてナノメッシュ電極とワイヤレスモジュールを接続することで、心電図をスマートフォンなどにリアルタイムに表示することができる。

さらに、ナノメッシュ構造を用いる利点として、感度を向上させることがあげられる。例えば、ポリフッ化ビニリデン(PVDF)と呼ばれる圧電高分子材料のナノファイバーシートを2層のナノファイバー電極シートで挟むことで、500 Hz 以下の低周波数領域において、10000 mV Pa^{-1} を超える世界最高感度と柔らかさを兼ね備えたフレキシブル音響センサの開発を実現している。このセンサは、非常に柔らかいナノファイバー構造の PVDF 層が、上下に動くことで電極シートと PVDF 層が接触し、大きな電気信号を発生させることができる。このナノメッシュ音響センサは、先述したように通気性と柔らかさを有しているために、皮膚に直接貼りつけることで、心音の計測を10 時間以上連続して行うことが可能である。そのため、運動中や日常生活の中で心音をモニタリングすることにより、病気や体調不良早期発見が可能なウェアラブルデバイスへの応用が期待される。

また、そのほかの応用としては指先に貼り付けることができる圧力センサなどがあげられる。ナノファイバー構造を用いた圧力センサは、柔らかくて軽いために、指先に貼り付けても皮膚の感覚に影響を与えずに物に触れた時の圧力を検知することが可能である。この圧力センサを用いることで、例えば指や腕の力の加え方を正確に計測できることを利用し、医師や職人などの繊細な指の圧力の計測することやスポーツ、医療、神経工学などの分野への応用が期待される。

2.3　ハイブリット実装

有機エレクトロニクスを中心としたフレキシブルエレクトロニクスは、従来のシリコンを中心としたエレクトロニクスと比較して、特性や安定性に関して劣っている点がある。そのため、社会実装などを考えるうえでは、その点が大きな課題となっている。

我々の研究グループでは、従来のシリコンエレクトロニクスと伸縮性配線を組み合わせたハイブリット実装に取り組んでいる。この技術は、1 µm の薄膜上に有機エレクトロニクスを作製する技術を用いて実現している。より具体的には、1 µm の薄膜基板上に従来の固い素子と伸縮性の配線を実装し、伸長させたゴム基板と集積化することで皺構造が形成できる。この皺構造は、伸縮性配線部分には形成されるが、固い素子の部分には発生しない。その結果、デバイスを伸ばした際にも固い部分に応力などがかからず安定して動作させることが可能となる。実際に、ハイブリット技術を用いた伸縮デバイスの一例として 16×24 個のマイクロＬＥＤと伸縮配線を実装したスキンディスプレイの開発に成功した。このデバイスは全体の厚みは約 1 mm であるが、繰り返し 45%伸縮させても電気的・機械的特性が損なわれず、皮膚に直接貼り付けることも可能である。スキンディスプレイは、パッシブマトリックス方式で駆動させており、駆動電圧はわずか2V、フレームレートが60 Hz、最大消費電力が13.8 mWとなっている。

3．産官学の連携状況

現在、研究室で開発した技術をもとに研究室発の2つのベンチャー企業が設立されている。1つは、テキスタイル型のデバイスであるe-skinを開発しているXenoma社で、もう1社はスキンセンサを用いたパッチ型のセンサシステムを開発しているサイントル社である。Xenoma社は、当研究室で2011年8月から2017年3月の期間で実施された科学技術振興機構の戦略的創造研究推進事業（ERATO型研究）の中で生まれたベンチャー企業である。元々は布の上に直接印刷可能な伸縮性導体の技術を用いたテキスタイル型センサの開発を行っていたが、その後独自の伸縮性配線技術を開発し、カメラがない環境下で着るだけでモーションをリアルタイムに計測可能なモーションキャプチャースーツe-skin MEVAを製品化することに成功した。Xenoma社とはERATOプロジェクトが終了後も、学技術振興機構の戦略的国際共同研究プログラム（SICORP）『皮膚貼り付け型センサによる高齢者健康状態の連続モニタリング』や未来社会創造事業『健康長寿実現に向けた新規運動指標エクササイズゲージの構築』において共同研究を継続している。これらのプロジェクトでは、Xenoma社と当研究室が共同でテキスタイル型のセンサを開発し、医学部や病院と協力することで、高齢者や糖尿病患者の健康状態やリハビリの際の活動量などを計測することを目指して研究を行っている。現状では、プロトタイプの開発にめどがついた一方で、医療現場や病院などで用いるためには大人数に対する実証試験を実施する必要がある。そのためには、テキスタイル型のセンサも多数必要となってくるが、センサが実際に製品として用いることができるかは現時点では不透明である。そのため、このようなケースでは生産ラインなども確保できず、センサの大量生産が困難なのが現状である。一方で、海外ではこのようなケースでは投資をする大企業などが多く存在し、容易にセンサを大量に作製し、実証実験を行うことができる。この問題点は当研究室のみではなく、日本が海外と比較して新しい技術を用いた製品開発が後れている要因であると考えられる。

サイントル社とは、災害時における避難所生活においての被災者の健康状態を見守るシステム「長崎モデル」に関する取り組みを行っている。避難所においては、日常生活とかけ離れた慣れない環境、強いストレスや不安の中で生活をする必要があるために、特に高齢者などは体調を崩しやすいという問題がある。また、大規模災害の発生時には医療従事者の人手も限られており、医療従事者の負担が小さいシステムの構築が求められている。その中で、当研究室はサイントル社と協力し、パッチ型のスキンセンサを用いた健康管理システムを提案している。このスキンセンサには温度センサや活動量計、血中酸素濃度計が実装されることを検討しており、避難者が体に貼るだけで体温や活動量、脈拍数や血中酸素濃度をモニタリングすることができる。さらに、得られたデータをワイヤレスで送信し、患者に異常があった際に知らせるシステムの構築を目指している。これまでに、東京大学の体育館を用いての実証試験や、6月に長崎リハビリテーション病院での実証実験を行う予定である。提案するシステムは、災害時以外にも取り入れることが可能で、病院や高齢者施設、在宅医療への応用も期待されている。

この他にもジャパンディスプレイとはJSTのACCELプロジェクト「スーパーバイオイメージャーの開発」でシート型イメージセンサの開発を行っている。2016年に開発を始めてからプロトタイプができるまでに約3年を要したものの、2020年にNature Electronics誌に開発したイメージセンサの論文が掲載された。現在は、製品化に向けて開発ラインの検討や、デバイスの安定性試験に取り組んでいる。一方で、ターゲットとなる用途に関してはまだ定まっておらず、現在様々な方面で探索を行っている。

4．国際交流の状況

現在、研究室には教員3名、研究員6名、学生が15名所属している。このうち教員1名、研究員4名、学生8名が外国籍のメンバーとなっている。これまでの卒業生も94名中31名が外国籍の研究員・学生と国際色豊かである。出身国も多種多様で、中国・韓国・インドネシア・バングラディッシュ・タイといったアジアの国々をはじめとして、フランス・オーストラリア・ポーランド・イスラエルなどのヨーロッパの国々、アメリカやカナダの北米の国々などがあげられる。このような国際色豊かな研究室であるため、研究室の打ち合わせや日々のディスカッションは英語をメインで行っている。学生や研究員以外にも、海外からの短期のインターンや客員研究員の受け入れなども積極的に行っており、毎年数名のインターン生や1、2名の客員研究員を受け入れている。海外からの受け入れのみならず、海外への学生の派遣も積極的に行っている。これまでに共同研究を行っているドイツのマックスプランク研究所、Holst center、リンショーピング大学、テキサス大学ダラス校、プリンストン大学、シンガポール国立大学などに1か月の短期の派遣から、半年にわたる長期の派遣などの実績がある。一方で、海外研究者の受け入れには課題も残されている。例えば、海外研究者を受け入れる際の手続きの多くは、大学単位ではなく研究室単位で行う必要がある。そのため、受け入れる人数が増えてしまうと、事務員の仕事が膨大になってしまうという問題がある。また、大学の1教員あたりに割り当てられるスペースは限られており、居室や実験室の広さが足りずに、訪問希望者の8割以上は受け入れられないという現状もある。また、様々な国から受け入れを行うために文化や食生活の違いなども大きな課題の1つである。大学の周辺にはハラールに対応したレストランが少なく、イスラム教徒の研究員や学生は自炊する必要があり、時間的な負担も大きい。このほかにも、日本全体に英語対応ができる施設やレストランなども限られており、意思疎通ができないために精神的にストレスを感じている研究員も多い。

また、海外の大学や研究機関との協力関係についても強化を行っている。2010年頃までは、研究室で発表した大変の研究成果に関しては、国内の大学や企業との共同研究が多くを占めてきた。2011年以降、海外の大学との協力関係を積極的に強化しはじめ、ドイツのマックスプランク研究所、オーストリアのヨハネスケプラー大学リンツ校、カリフォルニア大学サンタバーバラ校、テキサス大学ダラス校などと共同研究を始めた。共同研究では、月に一度の成果報告や打ち合わせを行ったり、相互に研究員を行き来させたりすることでインタラクティブに進めた。その成果もあり、近年では海外のグループとの共同研究の成果の割合が増えており、直近5年間においては、約半分程度の成果が海外のグループとの共同研究となっている。このような共同研究を経て複数のグループとは大型のプロジェクトなども進めている。例えば、スゥエーデンのリンショーピング大学のMagnus Berggren教授とは、学技術振興機構の戦略的国際共同研究プログラム（SICORP）において共同開発を行っている。このプロジェクトでは、テキスタイル型のセンサ開発を進めており、日本側ではテキスタイルセンサ部分を、スゥエーデン側ではセンサの読み出し回路部分の開発に取り組んでいる。これまでに、手袋型やソックス型のセンサのプロトタイプの開発に成功しており、その成果は Scientific Reports 誌に掲載されている。この他にも、サウジアラビアのキング・アブドゥッラー科学技術大学とも有機フォトディテクタの開発に関する共同研究契約を締結しており、これまでに研究成果をJournal of Materials Chemistry C誌に掲載している。

さらに、研究室を卒業したメンバーとも良好な関係を築いている。研究室を卒業した外国籍のメンバーの多くは、海外の大学や研究所でアカデミックポジションを確保し、研究・開発を継続している。これまでの卒業生のうち、10名以上が大学で教授や准教授などの教職員として自身の研究室を運営しており、一流の研究者として分野を牽引している。これらの多くのメンバーとは、卒業後も交流を継続しており、お互いの学生を派遣したり、共同で研究成果を報告したりするなど良好な関係を築いている。

この他にも、海外の一流の研究者を招いてのセミナーや研究室見学なども積極的に行っている。フレキシブルエレクトロニクスの第一人者である、スタンフォード大学のZhenan Bao教授をはじめ、プリンストン大学のSigurd Wagner教授、マックスプランク研究所のHagen Klauk博士などによるセミナーを年に3、4度の割合で行っている。

5．日本の先端技術力の強化に向けて

現在の日本の研究開発環境はいくつかの課題があげられる。第一に、若手の教職員の研究時間が確保できない点である。この要因として考えられるのが、研究以外の学務の多さがあげられる。例えば、大学院入試業務や講義、そのほか大学内の運営委員会などがあげられる。これらの負担は、年々増加してきており、30代後半から40代前半の若手研究員の多くは、大学の学務に追われ、自身で研究する時間がほとんど確

保できていないのが日本のアカデミックの現状である。また、研究時間が確保できない他の要因としては予算の確保の難しさがあげられる。中国をはじめとした海外の大学では、新任の教員に装置などの設備を確保するための準備金として多くの予算が割り当てられる。一方で、日本の大学では、そのような予算が割り当てられることはほとんどなく、自身で研究費を確保する必要がある。研究費は、その多くが年間数百万円程度の予算のものがほとんどであり、実験系の研究室に必須な 1000 万円以上のプロセス装置や評価装置を購入することができないのが現実である。また大型の予算に関しては、その種類・採用件数も限られており、多くの大型予算においてその分野の重鎮である年配の研究者と争う必要がある。そのため、若手の研究者は、予算の申請書や報告書の準備に多くの時間を割く必要があり、研究する時間が限られてしまう。また、一部の分野や研究者に予算が集まってしまうことも、日本のアカデミックが成長していかない原因にあると考えられる。特に、グリーンエネルギーや情報分野は現在世界的にも中模索されているために、国からの予算も潤沢に配分されている。一方で、基礎的な研究分野への予算配分は限られており、海外と比較しても研究分野と比較しても研究技術が遅れを取っていることが目に付く。

第二に大学の共有設備があげられる。海外の大学では、クリーンルームや評価装置などの共有設備が充実しており、大学自体が予算を出して運営を行っている。そのため、若手の研究者や新任の教員などが個人で予算を出して購入する必要性などはほとんどない。一方で、日本の大学では共有設備などの規模は限られており、基本的には研究者自身で設備や環境を整えていく必要がある。そのため、装置の管理なども研究者自身に任されており、限られた予算の中で装置のメンテナンスなどを行っている。一方で、海外の大学では専門の技術者などを雇用しており、メンテナンスや環境整備などを行っており、常に良い状態で装置や設備を使用することができる。

このほかにも、医工連携をはじめとした異分野間の共同研究なども日本は海外に遅れをとっている。海外の大学では、分野が異なる研究者同士でも横の繋がりが非常に強い。一方で、日本の大学では異分野間の連携も進んでおらず、研究者が単独、もしくは同分野の少数グループで共同研究を行うことが多い。昨今の研究分野は、技術の発展に伴い、複数の分野を横断する研究が増えてきている。実際、我々のフレキシブルエレクトロニクスの分野においても、デバイス開発と物性評価、医療応用、データ解析などが協力することで、これまでに分からなかった新しい知見を報告した研究が増えてきている。

今後、日本の研究力が世界最先端を維持し続けるためにも、これらの問題が解決されることが期待される。

おわりに

本書の発刊にあたっては、多くの大学等の先生方にご協力を賜りました。

大学の授業や研究活動などでお忙しいにも関わらず、本書へのご寄稿等に時間を割いて下さった、筑波大学システム情報系情報工学域教授伊藤誠先生、慶應義塾大学理工学部生命情報学科准教授牛場潤一先生、千葉大学工学研究院研究員川嶋大介先生、同教授武居昌宏先生、(国) 宇宙航空研究開発機構宇宙科学研究所宇宙飛翔工学研究系教授佐藤英一先生、東北大学金属材料研究所教授千葉晶彦先生、桐蔭横浜大学医用工学部教授宮坂力先生、同特任教授池上和志先生、大阪大学レーザー科学研究所教授村上匡且先生、東京都立大学特任教授村山徹先生、広島大学大学院統合生命科学研究科数理生命科学プログラム分子遺伝学研究室教授山本卓先生、東京大学大学院工学系研究科電気系工学専攻准教授横田知之先生に厚く御礼申し上げます。

また、アンケート調査では 119 名の先生方から貴重なご意見等を頂きました。ここに深謝の意を表します。

大学等における基礎研究力の低下が指摘されてから久しいですが、その最大の原因の1つは研究人材の人材不足にあり、人材不足の原因は、ポスドクなどをはじめとする研究人材の雇用問題等にあると言えます。

筆者も 30 年以上も前に大学院理工学研究科の修士課程を修了し、工学修士を取得しましたが､研究人材不足やポスドクの雇用等の問題は当時から指摘されていました。言い換えれば、こうした問題はその当時から状況が好転するどころか、むしろ悪化さえしています。

経済大国日本の国力を支えるのは科学技術であり、科学技術力なくして日本の未来は語れません。国民の関心事はとかく生活に密着した問題に集中しがちですが、政治家や政府関係者はもちろんのこと、一人でも多くの方々に本書で取り上げた大学等の研究人材不足や研究費不足など研究環境の問題をご理解いただき、日本全体で大学等の研究環境の改善が進むことを期待してやみません。

2022 年 3 月

株式会社産政総合研究機構
代表取締役　風間　武彦

編著者

風間　武彦　　株式会社産政総合研究機構 代表取締役兼主席研究員
（はじめに、第Ⅰ部、おわりに）

著者（敬称略）

伊藤　誠　　筑波大学 システム情報系情報工学域教授（第Ⅱ部Ⅱ－１）
牛場　潤一　　慶應義塾大学理工学部生命情報学科准教授（第Ⅱ部Ⅱ－２）
川嶋　大介　　千葉大学工学研究院研究員（第Ⅱ部Ⅱ－３）
武居　昌宏　　千葉大学工学研究院教授（第Ⅱ部Ⅱ－３）
佐藤　英一　　（国）宇宙航空研究開発機構宇宙科学研究所宇宙飛翔工学研究系教授
（第Ⅱ部Ⅱ－４）
千葉　晶彦　　東北大学金属材料研究所教授（第Ⅱ部Ⅱ－５）
宮坂　力　　桐蔭横浜大学医用工学部特任教授（第Ⅱ部Ⅱ－６）
池上　和志　　桐蔭横浜大学医用工学部教授（第Ⅱ部Ⅱ－６）
村上　匡且　　大阪大学レーザー科学研究所教授（第Ⅱ部Ⅱ－７）
村山　徹　　東京都立大学特任教授（第Ⅱ部Ⅱ－８）
山本　卓　　広島大学大学院統合生命科学研究科数理生命科学プログラム
分子遺伝学研究室教授（第Ⅱ部Ⅱ－９）
横田　知之　　東京大学大学院工学系研究科電気系工学専攻准教授
（第Ⅱ部Ⅱ－１０）

日本の先端技術
ー大学・研究機関の研究開発力と国際競争力ー

2022年5月20日　初版第1刷発行

編著者　株式会社産政総合研究機構
発行所　ブイツーソリューション
〒466-0848 名古屋市昭和区長戸町 4-40
電話 052-799-7391　Fax 052-799-7984
発売元　星雲社（共同出版社・流通責任出版社）
〒112-0005 東京都文京区水道 1-3-30
電話 03-3868-3275　Fax 03-3868-6588
印刷所　藤原印刷
ISBN 978-4-434-30402-6